아이가 주인공인 책

아이는 스스로 생각하고 매일 성장합니다.
부모가 아이를 존중하고 그 가능성을 믿을 때
새로운 문제들을 스스로 해결해 나갈 수 있습니다.

<기적의 학습서>는 아이가 주인공인 책입니다.
탄탄한 실력을 만드는 체계적인 학습법으로
아이의 공부 자신감을 높여 줍니다.

아이의 가능성과 꿈을 응원해 주세요.
아이가 주인공인 분위기를 만들어 주고,
작은 노력과 땀방울에 큰 박수를 보내 주세요.
<기적의 학습서>가 자녀 교육에 힘이 되겠습니다.

기적의 계산법 응용 up

초등 4학년 8권

기적의 계산법 응용UP • 8권

초판 발행 2021년 1월 15일
초판 7쇄 발행 2024년 4월 18일

지은이 기적학습연구소
발행인 이종원
발행처 길벗스쿨
출판사 등록일 2006년 7월 1일
주소 서울시 마포구 월드컵로 10길 56(서교동)
대표 전화 02)332-0931 | **팩스** 02)333-5409
홈페이지 school.gilbut.co.kr | **이메일** gilbut@gilbut.co.kr

기획 김미숙(winnerms@gilbut.co.kr) | **편집진행** 양민희
제작 이준호, 손일순, 이진혁 | **영업마케팅** 문세연, 박선경, 박다슬 | **웹마케팅** 박달님, 이재윤, 이지수, 나혜연
영업관리 김명자, 정경화 | **독자지원** 윤정아
디자인 정보라 | **표지 일러스트** 김다예 | **본문 일러스트** 류은형
전산편집 글사랑 | **CTP 출력·인쇄·제본** 벽호

▶ 본 도서는 '절취선 형성을 위한 제본용 접지 장치(Folding apparatus for bookbinding)' 기술 적용도서입니다.
특허 제10-2301169호
▶ 잘못 만든 책은 구입한 서점에서 바꿔 드립니다.

ISBN 979-11-6406-302-4 64410
(길벗스쿨 도서번호 10729)

정가 9,000원

기적학습연구소 **수학연구원 엄마**의 **고군분투서!**

저는 게임과 유튜브에 빠져 공부에는 무념무상인 아들을 둔 엄마입니다.
오늘도 아들이 조금 눈치를 보는가 싶더니 '잠깐만, 조금만'을 일삼으며 공부를 내일로 또 미루네요.
'그래, 공부보다는 건강이지.' 스스로 마음을 다잡다가도 고학년인데 여전히 공부에
관심이 없는 녀석의 모습을 보고 있자니 저도 모르게 한숨이…… .

5학년이 된 아들이 일주일에 한두 번씩 하교 시간이 많이 늦어져서 하루는 앉혀 놓고 물어봤습니다.
수업이 끝나고 몇몇 아이들은 남아서 틀린 수학 문제를 다 풀어야만 집에 갈 수 있다고 하더군요.
맙소사, 엄마가 회사에서 수학 교재를 십수 년째 만들고 있는데, 아들이 수학 나머지 공부라니요? 정신이 번쩍 들었습니다.
저학년 때는 어쩌다 반타작하는 날이 있긴 했지만 곧잘 100점도 맞아 오고 해서 '그래, 머리가 나쁜 건 아니야.' 하고 위안을 삼으며
'아직 저학년이잖아. 차차 나아지겠지.'라는 생각에 공부를 강요하지 않았습니다.
그런데 아이는 어느새 훌쩍 자라 여느 아이들처럼 수학 좌절감을 맛보기 시작하는 5학년이 되어 있었습니다.

학원에 보낼까 고민도 했지만, 그래도 엄마가 수학 전문가인데… 영어면 모를까 내 아이 수학 공부는 엄마표로 책임져 보기로 했습니다.
아이도 나머지 공부가 은근 자존심 상했는지 엄마의 제안을 순순히 받아들이더군요. 매일 계산법 1장, 문장제 1장, 초등수학 1장씩 수학 공부를 시작했습니다. 하지만 기초도 부실하고 학습 습관도 안 잡힌 녀석이 갑자기 하루 3장씩이나 풀다보니 힘에 부쳤겠지요.
호기롭게 시작한 수학 홈스터디는 공부량을 줄이려는 아들과의 전쟁으로 변질되어 갔습니다. 어떤 날은 애교와 엄살로 3장이 2장이 되고, 어떤 날은 울음과 샤우팅으로 3장이 아예 없던 일이 되어버리는 등 괴로움의 연속이었죠. 문제지 한 장과 게임 한 판의 딜이 오가는 일도 비일비재했습니다. 곧 중학생이 될 텐데… 엄마만 조급하고 녀석은 점점 잔꾀만 늘어가더라고요. 안 하느니만 못한 수학 공부 시간을 보내며 더이상 이대로는 안 되겠다 싶은 생각이 들었습니다. 이 전쟁을 끝낼 묘안이 절실했습니다.
우선 아이의 공부력에 비해 너무 과한 욕심을 부리지 않기로 했습니다. 매일 퇴근길에 계산법 한쪽과 문장제 한쪽으로 구성된 아이만의 맞춤형 수학 문제지를 한 장씩 만들어 갔지요. 그리고 아이와 함께 풀기 시작했습니다. 앞장에서 꼭 필요한 연산을 익히고, 뒷장에서 연산을 적용한 문장제나 응용문제를 풀게 했더니 응용문제도 연산의 연장으로 받아들이면서 어렵지 않게 접근했습니다. 아이 또한 확 줄어든 학습량에 아주 만족해하더군요. 물론 평화가 바로 찾아온 것은 아니었지만, 결과는 성공적이었다고 자부합니다.

이 경험은 <기적의 계산법 응용UP>을 기획하고 구현하게 된 시발점이 되었답니다.

1. 학습 부담을 줄일 것! 딱 한 장에 앞 연산, 뒤 응용으로 수학 핵심만 공부하게 하자.
2. 문장제와 응용은 꼭 알아야 하는 학교 수학 난이도만큼만! 성취감, 수학자신감을 느끼게 하자.
3. 욕심을 버리고, 매일 딱 한 장만! 짧고 굵게 공부하는 습관을 만들어 주자.

이 책은 위 세 가지 덕목을 갖추기 위해 무던히 애쓴 교재입니다.

<기적의 계산법 응용UP>이 저와 같은 고민으로 괴로워하는 엄마들과 언젠가는 공부하는 재미에
푹 빠지게 될 아이들에게 울트라 종합비타민 같은 선물이 되길 진심으로 바랍니다.

길벗스쿨 기적학습연구소에서

매일 한 장으로 완성하는 응용UP 학습설계

Step 1

핵심개념 이해

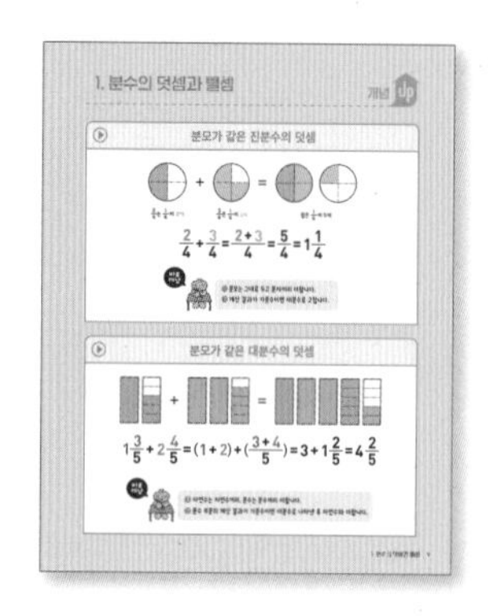

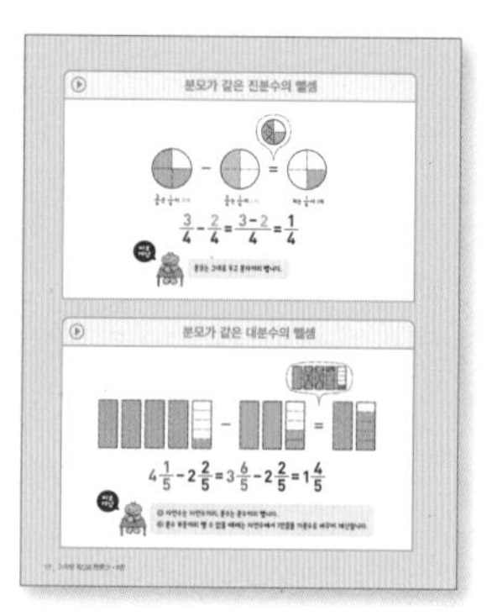

▶ 단원별 핵심 내용을 시각화하여 정리하였습니다. 연산방법, 개념 등을 정확하게 이해한 다음, 사진을 찍듯 머릿속에 담아 두세요. 개념정리만 묶어 나만의 수학개념모음집을 만들어도 좋습니다.

Step 2

연산+응용 균형학습

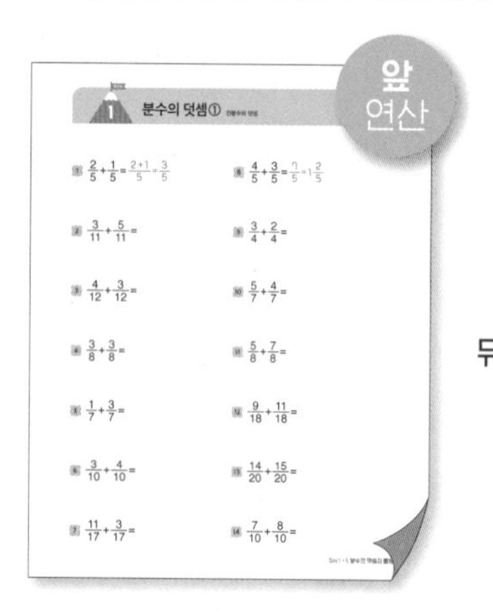

뒤집으면

▶ 앞 연산, 뒤 응용으로 구성되어 있어 매일 한 장 학습으로 연산훈련 뿐만 아니라 연산적용 응용문제까지 한번에 학습할 수 있습니다. 매일 한 장씩 뜯어서 균형잡힌 연산 훈련을 해 보세요.

Step 3

평가로 실력점검

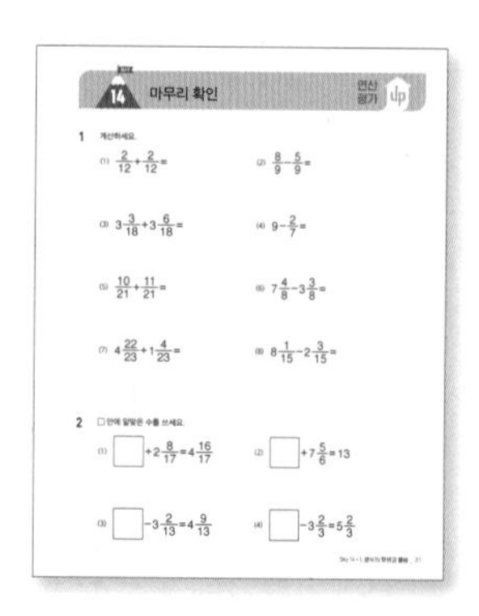

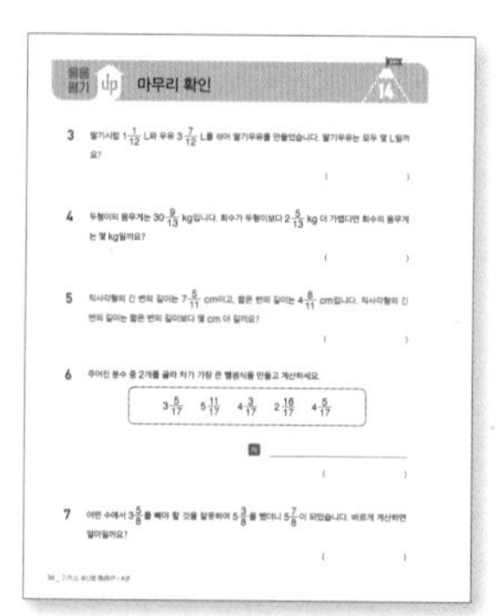

▶ 점수도 중요하지만, 얼마나 이해하고 있는지를 아는 것이 더 중요합니다. 배운 내용을 꼼꼼하게 확인하고, 틀린 문제는 앞으로 돌아가 한번 더 연습하세요.

Step 2 연산+응용 균형학습

▶ 매일 연산+응용으로 균형 있게 훈련합니다.

매일 하는 수학 공부, 연산만 편식하고 있지 않나요?
수학에서 연산은 에너지를 내는 탄수화물과 같지만,
그렇다고 밥만 먹으면 영양 불균형을 초래합니다.
튼튼한 근육을 만드는 단백질도 꼭꼭 챙겨 먹어야지요.
기적의 계산법 응용UP은 매일 한 장 학습으로
계산력과 응용력을 동시에 훈련할 수 있도록 만들었습니다.
앞에서 연산 반복훈련으로 속도와 정확성을 높이고,
뒤에서 바로 연산을 활용한 응용 문제를 해결하면서
문제이해력과 연산적용력을 키울 수 있습니다.
균형잡힌 연산 + 응용으로 수학기본기를 빈틈없이 쌓아 나갑니다.

▶ 다양한 응용 유형으로 폭넓게 학습합니다.

반복연습이 중요한 연산, 유형연습이 중요한 응용!
문장제형, 응용계산형, 빈칸추론형, 논리사고형 등 다양한 유형의 응용 문제에 연산을 적용해 보면서
연산에 대한 수학적 시야를 넓히고, 튼튼한 수학기초를 다질 수 있습니다.

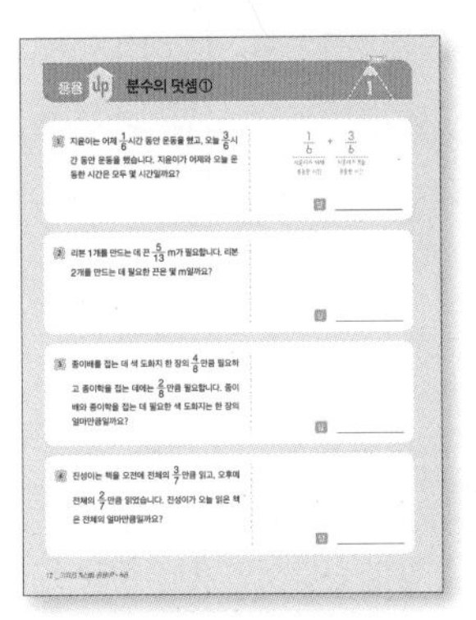

| 문장제형 |

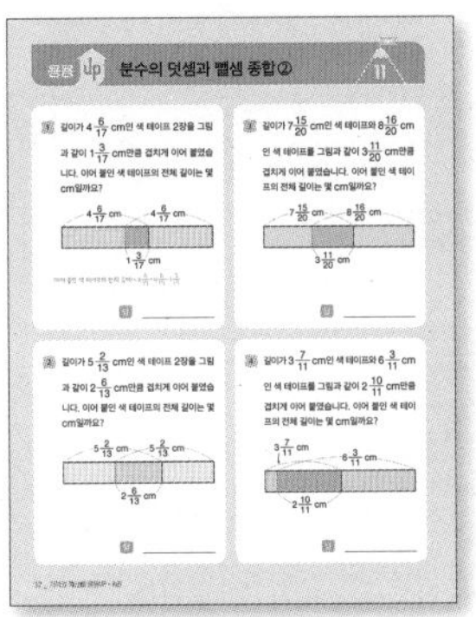

| 응용계산형 |

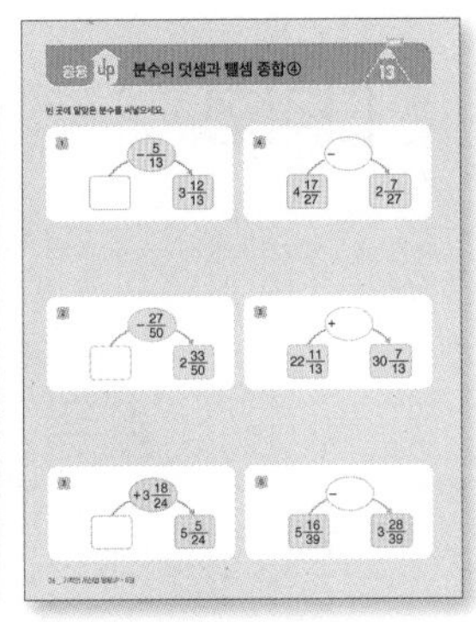

| 빈칸추론형 |

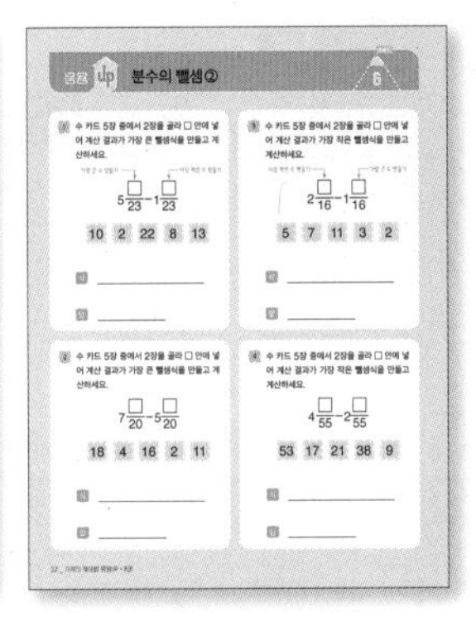

| 논리사고형 |

▶ 뜯기 한 장으로 언제, 어디서든 공부할 수 있습니다.

한 장씩 뜯어서 사용할 수 있도록 칼선 처리가 되어 있어
언제 어디서든 필요한 만큼 쉽게 공부할 수 있습니다.
매일 한 장씩 꾸준히 풀면서 공부 습관을 길러 봅니다.

차 례

DAY

01

분수의 덧셈과 뺄셈

• 학습계열표 •

이전에 배운 내용

3-2 분수
- 진분수
- 가분수
- 대분수

지금 배울 내용

4-2 분수의 덧셈과 뺄셈
- 분모가 같은 분수의 덧셈
- 분모가 같은 분수의 뺄셈

앞으로 배울 내용

5-1 분수의 덧셈과 뺄셈
- 분모가 다른 분수의 덧셈
- 분모가 다른 분수의 뺄셈

• 학습기록표 •

학습 일차	학습 내용	날짜	맞은 개수	
			연산	응용
DAY 1	**분수의 덧셈①** 진분수의 덧셈	/	/14	/4
DAY 2	**분수의 덧셈②** 대분수의 덧셈	/	/14	/3
DAY 3	**분수의 덧셈③** 분수의 덧셈 종합	/	/14	/4
DAY 4	**분수의 덧셈④** 분수의 덧셈 종합	/	/14	/4
DAY 5	**분수의 뺄셈①** 진분수의 뺄셈	/	/14	/4
DAY 6	**분수의 뺄셈②** 대분수의 뺄셈	/	/14	/4
DAY 7	**분수의 뺄셈③** (자연수)−(분수)	/	/14	/4
DAY 8	**분수의 뺄셈④** 분수의 뺄셈 종합	/	/14	/8
DAY 9	**분수의 뺄셈⑤** 분수의 뺄셈 종합	/	/14	/3
DAY 10	**분수의 덧셈과 뺄셈 종합①**	/	/14	/3
DAY 11	**분수의 덧셈과 뺄셈 종합②**	/	/14	/4
DAY 12	**분수의 덧셈과 뺄셈 종합③** 어떤 수 구하기	/	/9	/4
DAY 13	**분수의 덧셈과 뺄셈 종합④** 어떤 수 구하기	/	/10	/6
DAY 14	**마무리 확인**	/	/17	

1. 분수의 덧셈과 뺄셈

분모가 같은 진분수의 덧셈

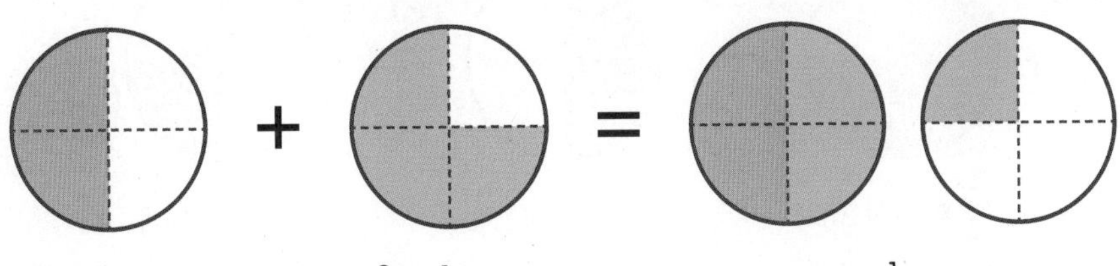

$\frac{2}{4}$는 $\frac{1}{4}$이 2개 　 $\frac{3}{4}$은 $\frac{1}{4}$이 3개 　 합은 $\frac{1}{4}$이 5개

$$\frac{2}{4}+\frac{3}{4}=\frac{2+3}{4}=\frac{5}{4}=1\frac{1}{4}$$

❶ 분모는 그대로 두고 분자끼리 더합니다.
❷ 계산 결과가 가분수이면 대분수로 고칩니다.

분모가 같은 대분수의 덧셈

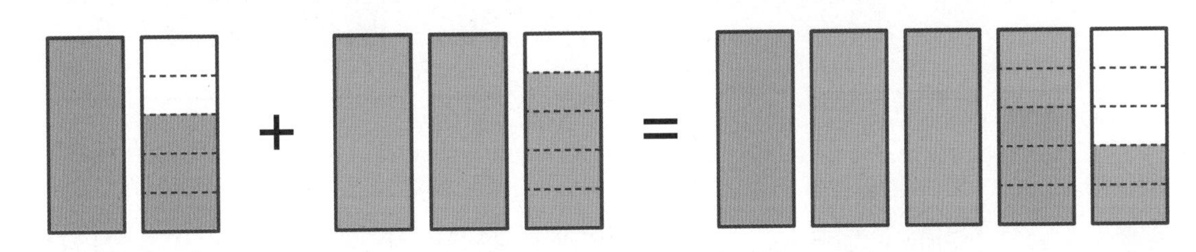

$$1\frac{3}{5}+2\frac{4}{5}=(1+2)+(\frac{3+4}{5})=3+1\frac{2}{5}=4\frac{2}{5}$$

❶ 자연수는 자연수끼리, 분수는 분수끼리 더합니다.
❷ 분수 부분의 계산 결과가 가분수이면 대분수로 나타낸 후 자연수와 더합니다.

분모가 같은 진분수의 뺄셈

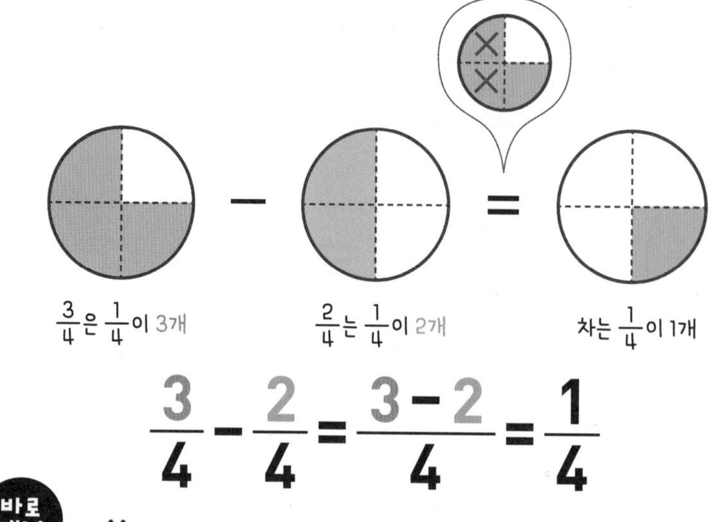

$$\frac{3}{4}-\frac{2}{4}=\frac{3-2}{4}=\frac{1}{4}$$

분모는 그대로 두고 분자끼리 뺍니다.

분모가 같은 대분수의 뺄셈

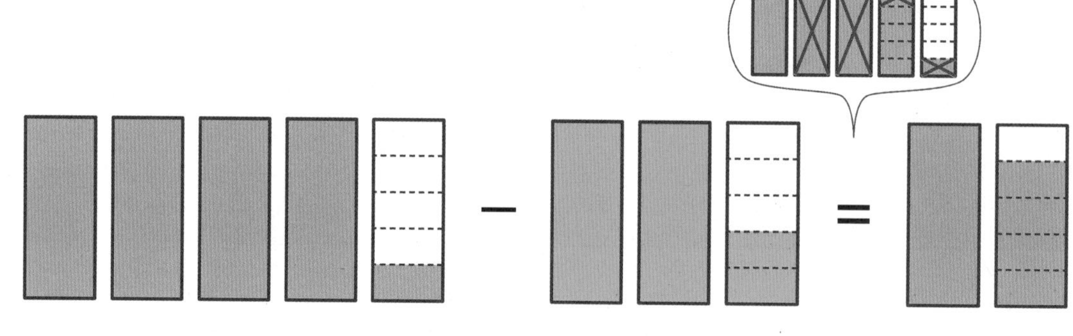

$$4\frac{1}{5}-2\frac{2}{5}=3\frac{6}{5}-2\frac{2}{5}=1\frac{4}{5}$$

① 자연수는 자연수끼리, 분수는 분수끼리 뺍니다.

② 분수 부분끼리 뺄 수 없을 때에는 자연수에서 1만큼을 가분수로 바꾸어 계산합니다.

DAY 1

분수의 덧셈① 진분수의 덧셈

연산 up

1 $\frac{2}{5}+\frac{1}{5}=\frac{2+1}{5}=\frac{3}{5}$

2 $\frac{3}{11}+\frac{5}{11}=$

3 $\frac{4}{12}+\frac{3}{12}=$

4 $\frac{3}{8}+\frac{3}{8}=$

5 $\frac{1}{7}+\frac{3}{7}=$

6 $\frac{3}{10}+\frac{4}{10}=$

7 $\frac{11}{17}+\frac{3}{17}=$

8 $\frac{4}{5}+\frac{3}{5}=\frac{7}{5}=1\frac{2}{5}$

9 $\frac{3}{4}+\frac{2}{4}=$

10 $\frac{5}{7}+\frac{4}{7}=$

11 $\frac{5}{8}+\frac{7}{8}=$

12 $\frac{9}{18}+\frac{11}{18}=$

13 $\frac{14}{20}+\frac{15}{20}=$

14 $\frac{7}{10}+\frac{8}{10}=$

응용 UP 분수의 덧셈①

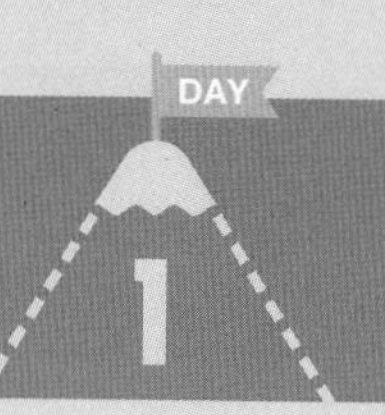

1 지윤이는 어제 $\frac{1}{6}$시간 동안 운동을 했고, 오늘 $\frac{3}{6}$시간 동안 운동을 했습니다. 지윤이가 어제와 오늘 운동한 시간은 모두 몇 시간일까요?

$\frac{1}{6}$ + $\frac{3}{6}$

지윤이가 어제 운동한 시간 / 지윤이가 오늘 운동한 시간

답 ____________

2 리본 1개를 만드는 데 끈 $\frac{5}{13}$ m가 필요합니다. 리본 2개를 만드는 데 필요한 끈은 몇 m일까요?

답 ____________

3 종이배를 접는 데 색 도화지 한 장의 $\frac{4}{8}$만큼 필요하고 종이학을 접는 데에는 $\frac{2}{8}$만큼 필요합니다. 종이배와 종이학을 접는 데 필요한 색 도화지는 한 장의 얼마만큼일까요?

답 ____________

4 진성이는 책을 오전에 전체의 $\frac{3}{7}$만큼 읽고, 오후에 전체의 $\frac{2}{7}$만큼 읽었습니다. 진성이가 오늘 읽은 책은 전체의 얼마만큼일까요?

답 ____________

DAY 2

분수의 덧셈② 대분수의 덧셈

연산 up

1 $4\frac{2}{4}+1\frac{1}{4}=(4+1)+(\frac{2+1}{4})$

$=5\frac{3}{4}$

2 $1\frac{3}{7}+2\frac{2}{7}=$

3 $3\frac{1}{3}+2\frac{1}{3}=$

4 $1\frac{2}{5}+3\frac{2}{5}=$

5 $1\frac{2}{16}+2\frac{3}{16}=$

6 $2\frac{2}{6}+2\frac{3}{6}=$

7 $3\frac{3}{14}+2\frac{6}{14}=$

8 $1\frac{5}{8}+4\frac{7}{8}=\frac{13}{8}+\frac{39}{8}=\frac{52}{8}=6\frac{4}{8}$

대분수를 가분수로 바꾸어
계산할 수도 있어요.

9 $1\frac{2}{3}+3\frac{2}{3}=$

10 $2\frac{5}{13}+3\frac{10}{13}=$

11 $3\frac{2}{4}+7\frac{3}{4}=$

12 $6\frac{2}{14}+2\frac{13}{14}=$

13 $4\frac{3}{5}+6\frac{4}{5}=$

14 $8\frac{4}{6}+7\frac{5}{6}=$

응용 UP **분수의 덧셈②**

다음은 정민이네 마을 지도입니다. 물음에 답하세요.

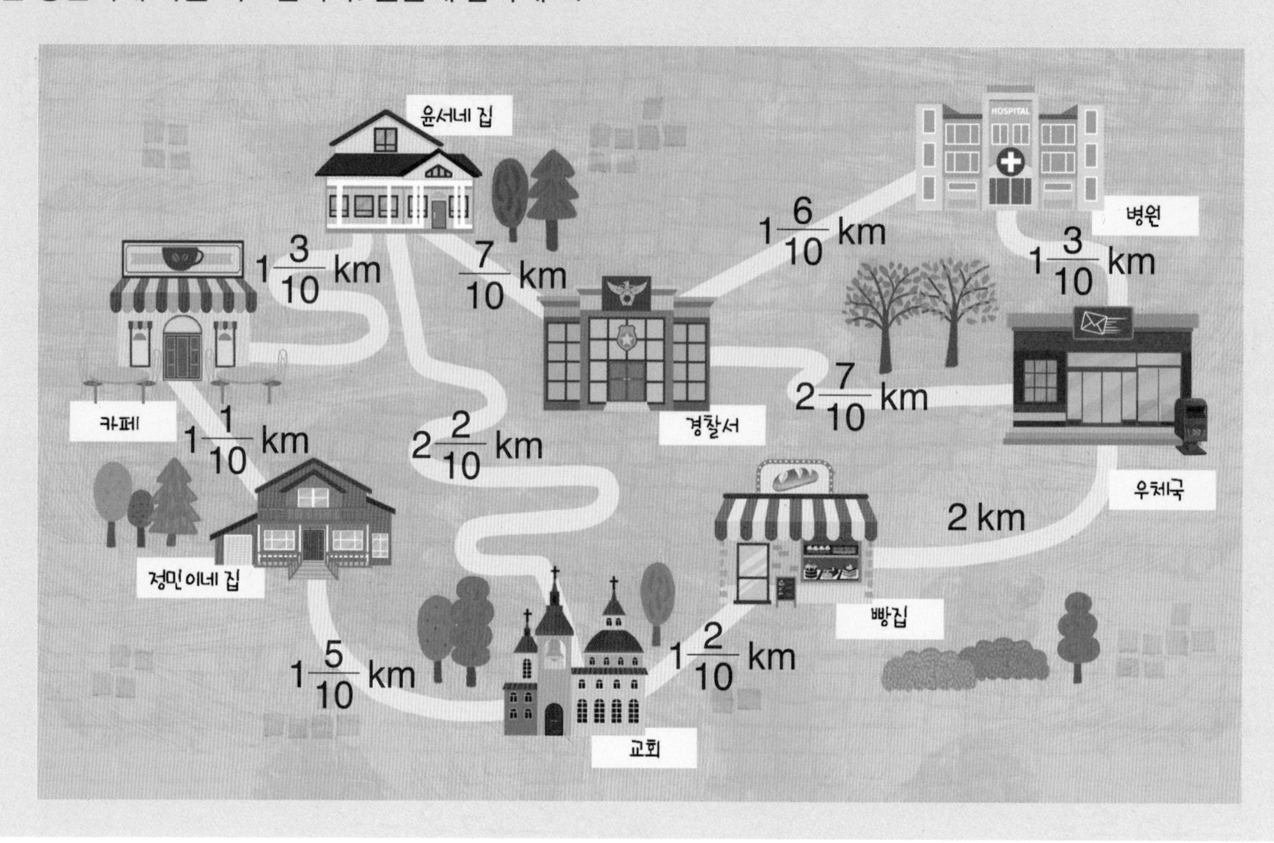

1 정민이네 집에서 카페를 지나 윤서네 집까지 가는 거리를 구하세요.

( ) km

2 윤서네 집에서 경찰서를 지나 병원까지 가는 거리를 구하세요.

( ) km

3 교회에서 빵집을 지나 우체국까지 가는 거리를 구하세요.

( ) km

DAY 3

분수의 덧셈③ 분수의 덧셈 종합

연산 up

1 $\frac{10}{25}+\frac{2}{25}=$

2 $\frac{12}{18}+\frac{5}{18}=$

3 $\frac{3}{16}+\frac{3}{16}=$

4 $3\frac{2}{4}+\frac{3}{4}=$

5 $\frac{5}{31}+3\frac{15}{31}=$

6 $5\frac{11}{22}+\frac{11}{22}=$

7 $4\frac{8}{11}+\frac{4}{11}=$

8 $9\frac{7}{14}+2\frac{9}{14}=$

9 $7\frac{5}{7}+8\frac{6}{7}=$

10 $3\frac{8}{15}+6\frac{9}{15}=$

11 $6\frac{6}{13}+8\frac{10}{13}=$

12 $8\frac{7}{11}+9\frac{9}{11}=$

13 $4\frac{6}{8}+7\frac{6}{8}=$

14 $9\frac{3}{9}+12\frac{8}{9}=$

응용 UP 분수의 덧셈③

다음은 음표 기호와 박자 수를 나타낸 것입니다. 악보에서 한 마디의 박자 수의 합을 구하세요.

음표	2분음표	점 4분음표	4분음표	점 8분음표	8분음표	16분음표	32분음표
기호							
박자 수	2	$1\frac{8}{16}$	1	$\frac{12}{16}$	$\frac{8}{16}$	$\frac{4}{16}$	$\frac{2}{16}$

1

$\frac{8}{16}+\frac{8}{16}+1=$

답 ______________

2

답 ______________

3

답 ______________

4

답 ______________

DAY 4

분수의 덧셈④ 분수의 덧셈 종합

연산 up

1 $\frac{2}{6}+\frac{3}{6}=$

2 $\frac{3}{13}+\frac{4}{13}=$

3 $\frac{9}{16}+\frac{9}{16}=$

4 $\frac{3}{4}+\frac{3}{4}=$

5 $1\frac{2}{12}+\frac{4}{12}=$

6 $\frac{2}{9}+4\frac{4}{9}=$

7 $\frac{7}{13}+2\frac{6}{13}=$

8 $2\frac{2}{9}+4\frac{4}{9}=$

9 $7\frac{5}{17}+2\frac{6}{17}=$

10 $\frac{6}{13}+7\frac{3}{13}=$

11 $3\frac{6}{12}+\frac{7}{12}=$

12 $\frac{9}{16}+6\frac{14}{16}=$

13 $6\frac{7}{8}+8\frac{6}{8}=$

14 $7\frac{8}{16}+5\frac{9}{16}=$

응용 up 분수의 덧셈④

1 민지는 우유를 $\frac{5}{13}$ L 마셨고, 서준이는 민지보다 $\frac{3}{13}$ L 더 많이 마셨습니다. 민지와 서준이가 마신 우유는 모두 몇 L일까요?

서준이가 마신 우유의 양을 먼저 구하자!

답 ____________

2 수진이는 오늘 역사책을 $1\frac{4}{10}$시간 동안 읽었고, 동화책은 역사책보다 $\frac{6}{10}$시간 더 오랫동안 읽었습니다. 오늘 수진이가 역사책과 동화책을 읽은 시간은 모두 몇 시간일까요?

답 ____________

3 귤 한 상자의 무게는 $5\frac{6}{19}$ kg이고, 복숭아 한 상자의 무게는 귤 한 상자의 무게보다 $2\frac{14}{19}$ kg 더 무겁습니다. 귤 한 상자의 무게와 복숭아 한 상자의 무게의 합은 몇 kg일까요?

답 ____________

4 물이 ㉮ 물통에는 $9\frac{3}{8}$ L 들어 있고 ㉯ 물통에는 ㉮ 물통보다 $\frac{7}{8}$ L 더 많이 들어 있습니다. ㉮ 물통과 ㉯ 물통에 들어 있는 물은 모두 몇 L일까요?

답 ____________

DAY 5

분수의 뺄셈 ① 진분수의 뺄셈

연산 up

1 $\frac{10}{16}-\frac{7}{16}=\frac{10-7}{16}=\frac{3}{16}$

2 $\frac{7}{15}-\frac{2}{15}=$

3 $\frac{6}{7}-\frac{4}{7}=$

4 $\frac{7}{9}-\frac{5}{9}=$

5 $\frac{14}{18}-\frac{9}{18}=$

6 $\frac{9}{10}-\frac{6}{10}=$

7 $\frac{15}{17}-\frac{9}{17}=$

8 $\frac{9}{11}-\frac{5}{11}=$

9 $\frac{3}{4}-\frac{2}{4}=$

10 $\frac{11}{12}-\frac{9}{12}=$

11 $\frac{4}{5}-\frac{2}{5}=$

12 $\frac{5}{6}-\frac{4}{6}=$

13 $\frac{11}{13}-\frac{3}{13}=$

14 $\frac{12}{14}-\frac{7}{14}=$

응용 UP 분수의 뺄셈 ①

1 냉장고에 사과 주스가 $\frac{4}{7}$ L 있습니다. 재우가 $\frac{2}{7}$ L를 마셨다면 남은 주스는 몇 L일까요?

$\frac{4}{7} - \frac{2}{7}$

냉장고에 있는 사과 주스의 양 / 마신 사과 주스의 양

2 보라색 끈이 $\frac{7}{10}$ m 있습니다. 리본을 만드는 데 $\frac{6}{10}$ m를 사용했다면 남은 끈은 몇 m일까요?

3 설탕 $\frac{14}{15}$ kg 중에서 쿠키를 만드는 데 $\frac{5}{15}$ kg을 사용했습니다. 남은 설탕은 몇 kg일까요?

4 직사각형의 긴 변의 길이는 $\frac{11}{20}$ m이고, 짧은 변의 길이는 $\frac{7}{20}$ m입니다. 긴 변의 길이는 짧은 변의 길이보다 몇 m 더 길까요?

DAY 6

분수의 뺄셈 ② 대분수의 뺄셈

연산 up

1 $3\frac{4}{5}-1\frac{1}{5}=(3-1)+(\frac{4-1}{5})$
$=2\frac{3}{5}$

2 $4\frac{3}{4}-2\frac{1}{4}=$

3 $6\frac{8}{9}-1\frac{3}{9}=$

4 $7\frac{5}{6}-4\frac{2}{6}=$

5 $4\frac{7}{10}-3\frac{4}{10}=$

6 $5\frac{3}{4}-3\frac{2}{4}=$

7 $5\frac{6}{7}-3\frac{3}{7}=$

8 $8\frac{4}{8}-5\frac{5}{8}=\frac{68}{8}-\frac{45}{8}=\frac{23}{8}=2\frac{7}{8}$

9 $7\frac{6}{12}-4\frac{8}{12}=$

10 $4\frac{2}{4}-2\frac{3}{4}=$

11 $5\frac{4}{6}-3\frac{5}{6}=$

12 $8\frac{4}{7}-5\frac{5}{7}=$

13 $5\frac{2}{8}-2\frac{4}{8}=$

14 $3\frac{2}{15}-1\frac{4}{15}=$

응용 UP 분수의 뺄셈 ②

1 수 카드 5장 중에서 2장을 골라 □ 안에 넣어 계산 결과가 가장 큰 뺄셈식을 만들고 계산하세요.

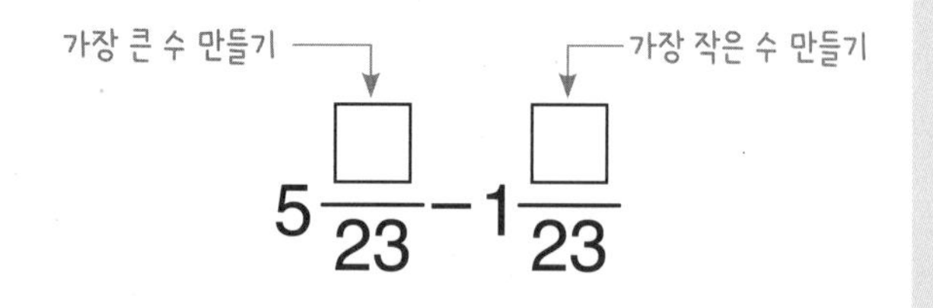

$5\frac{\square}{23}-1\frac{\square}{23}$

10 2 22 8 13

식 ______________________

답 ______________

2 수 카드 5장 중에서 2장을 골라 □ 안에 넣어 계산 결과가 가장 큰 뺄셈식을 만들고 계산하세요.

$7\frac{\square}{20}-5\frac{\square}{20}$

18 4 16 2 11

식 ______________________

답 ______________

3 수 카드 5장 중에서 2장을 골라 □ 안에 넣어 계산 결과가 가장 작은 뺄셈식을 만들고 계산하세요.

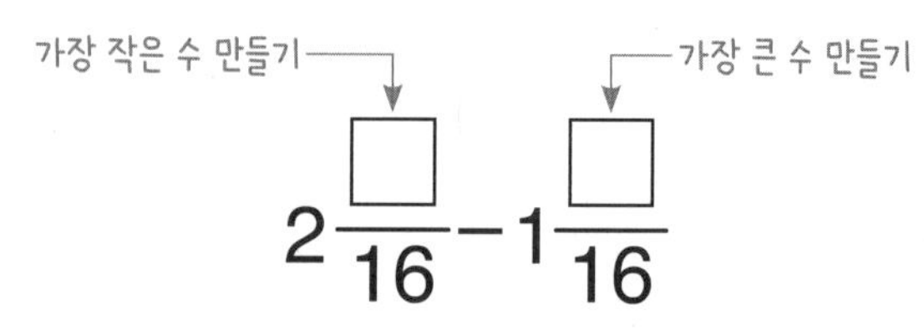

$2\frac{\square}{16}-1\frac{\square}{16}$

5 7 11 3 2

식 ______________________

답 ______________

4 수 카드 5장 중에서 2장을 골라 □ 안에 넣어 계산 결과가 가장 작은 뺄셈식을 만들고 계산하세요.

$4\frac{\square}{55}-2\frac{\square}{55}$

53 17 21 38 9

식 ______________________

답 ______________

DAY 7

분수의 뺄셈 ③ (자연수)-(분수)

연산 up

1 $3-\frac{3}{4}=2\frac{4}{4}-\frac{3}{4}=2\frac{1}{4}$

2 $4-\frac{6}{12}=$

3 $7-\frac{2}{8}=$

4 $5-\frac{6}{9}=$

5 $10-\frac{5}{7}=$

6 $14-\frac{4}{9}=$

7 $17-\frac{8}{15}=$

8 $18-15\frac{14}{19}=$

9 $9-4\frac{2}{5}=$

10 $20-17\frac{3}{8}=$

11 $7-3\frac{8}{17}=$

12 $8-3\frac{2}{13}=$

13 $19-13\frac{6}{10}=$

14 $15-4\frac{9}{18}=$

응용 up 분수의 뺄셈 ③

상자에 과일이 담겨 있습니다. 빈 상자의 무게를 구하세요. (단, 같은 과일의 무게는 각각 같습니다.)

1

사과 20개의 무게 $3\frac{4}{5}$ kg

(빈 상자의 무게) = 8-(사과 20개의 무게)

( ) kg

2

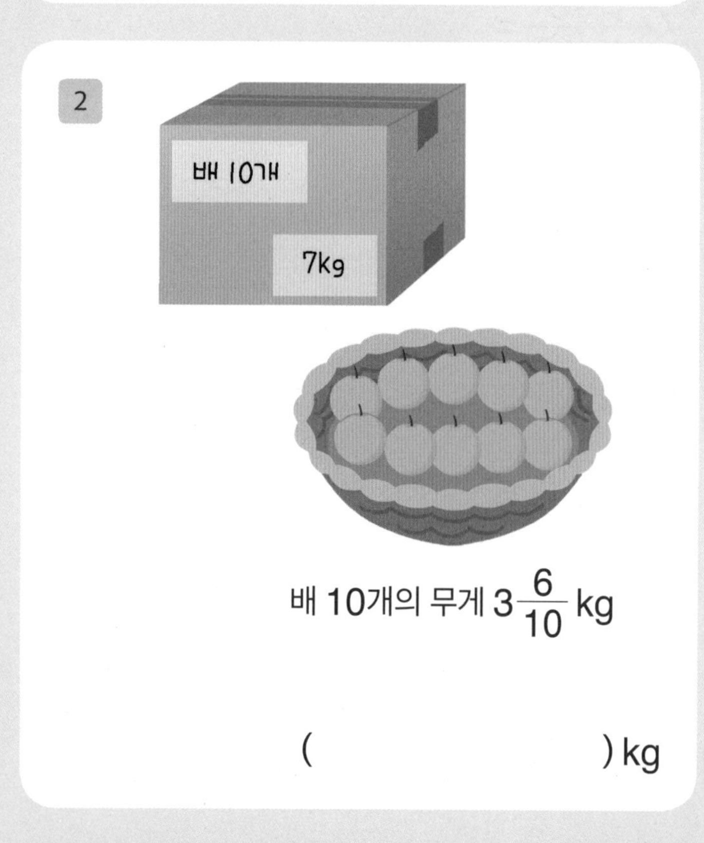

배 10개의 무게 $3\frac{6}{10}$ kg

( ) kg

3

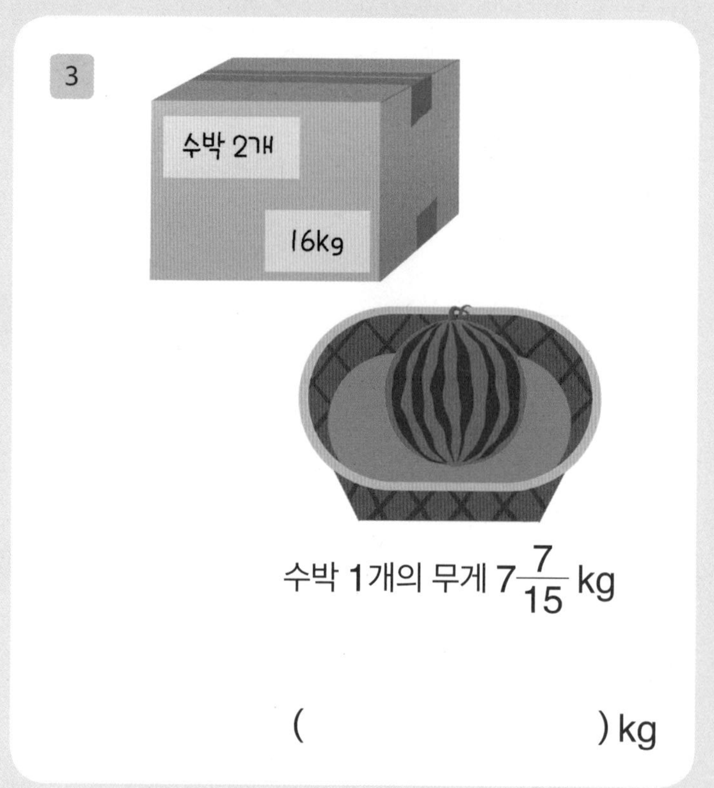

수박 1개의 무게 $7\frac{7}{15}$ kg

( ) kg

4

토마토 5개의 무게 $1\frac{11}{13}$ kg

( ) kg

DAY 8

분수의 뺄셈 ④ 분수의 뺄셈 종합

연산 up

1 $7\frac{6}{8}-\frac{2}{8}=$

2 $5\frac{3}{13}-\frac{9}{13}=$

3 $17\frac{2}{18}-\frac{9}{18}=$

4 $15\frac{9}{13}-\frac{11}{13}=$

5 $8-\frac{5}{11}=$

6 $3-1\frac{4}{5}=$

7 $5\frac{6}{9}-2\frac{4}{9}=$

8 $9\frac{5}{7}-\frac{4}{7}=$

9 $6\frac{6}{7}-1\frac{2}{7}=$

10 $8\frac{1}{4}-\frac{3}{4}=$

11 $16\frac{6}{14}-\frac{12}{14}=$

12 $13-\frac{5}{10}=$

13 $14-7\frac{3}{4}=$

14 $12\frac{6}{11}-4\frac{9}{11}=$

응용 up 분수의 뺄셈 ④

DAY 8

빈 곳에 두 수의 차를 쓰세요.

1

$5\frac{6}{8}$	$3\frac{1}{8}$

2

$6\frac{4}{9}$	$3\frac{8}{9}$

3

$9\frac{25}{35}$	$3\frac{32}{35}$

4

$7\frac{9}{10}$	4

5

$5\frac{3}{21}$	7

6

$1\frac{12}{14}$	$7\frac{5}{14}$

7

$\frac{2}{4}$	$4\frac{1}{4}$

8

$\frac{3}{20}$	$3\frac{1}{20}$

DAY 9

분수의 뺄셈 ⑤ 분수의 뺄셈 종합

연산 up

1 $\frac{5}{9}-\frac{4}{9}=$

2 $\frac{10}{13}-\frac{2}{13}=$

3 $5-\frac{3}{10}=$

4 $9\frac{7}{9}-6\frac{3}{9}=$

5 $7\frac{7}{8}-4\frac{2}{8}=$

6 $5\frac{2}{8}-3\frac{7}{8}=$

7 $9\frac{5}{7}-2\frac{6}{7}=$

8 $7\frac{3}{8}-5=$

9 $7-3\frac{8}{17}=$

10 $7\frac{4}{6}-3\frac{3}{6}=$

11 $9\frac{3}{9}-4\frac{6}{9}=$

12 $19-13\frac{6}{10}=$

13 $9\frac{5}{9}-4\frac{2}{9}=$

14 $6\frac{2}{17}-2\frac{5}{17}=$

응용 up 분수의 뺄셈⑤

1 삼각형의 세 변의 길이의 합은 $11\frac{4}{15}$ cm입니다. 가장 긴 변의 길이가 $5\frac{3}{15}$ cm이고 가장 짧은 변의 길이가 $2\frac{7}{15}$ cm일 때, 나머지 한 변의 길이는 몇 cm일까요?

답 

2 성진이네 가족은 만두를 만들었습니다. 밀가루 10 kg 중에서 김치만두를 만드는 데 $3\frac{5}{25}$ kg을 사용하고, 고기만두를 만드는 데 $2\frac{23}{25}$ kg을 사용했습니다. 남은 밀가루는 몇 kg일까요?

답 

3 채민이는 포도 $8\frac{22}{50}$ kg을 수확하였습니다. 포도잼을 만드는 데 $3\frac{17}{50}$ kg을 사용하고, 포도 주스를 만드는 데 $4\frac{25}{50}$ kg을 사용했습니다. 남은 포도는 몇 kg일까요?

답 ______

분수의 덧셈과 뺄셈 종합①

1 $\frac{4}{25}+\frac{10}{25}=$

2 $\frac{8}{11}+\frac{6}{11}=$

3 $7\frac{4}{10}+8\frac{5}{10}=$

4 $6\frac{11}{20}+7\frac{5}{20}=$

5 $7\frac{8}{16}+5\frac{9}{16}=$

6 $8\frac{7}{10}+9\frac{8}{10}=$

7 $4\frac{9}{13}+8\frac{11}{13}=$

8 $\frac{10}{11}-\frac{7}{11}=$

9 $\frac{6}{8}-\frac{1}{8}=$

10 $9\frac{7}{10}-4\frac{6}{10}=$

11 $8\frac{15}{16}-4\frac{9}{16}=$

12 $6\frac{3}{6}-3\frac{5}{6}=$

13 $7\frac{7}{19}-4\frac{8}{19}=$

14 $8\frac{5}{17}-7\frac{7}{17}=$

응용 UP 분수의 덧셈과 뺄셈 종합 ①

계산이 처음으로 잘못된 곳을 찾아 ∨표 하고, 바르게 계산하세요.

1

$3\frac{11}{20}-2\frac{17}{20}=\frac{71}{20}-\frac{19}{20}$ ∨

$=\frac{52}{20}$

$=2\frac{12}{20}$

바른 계산

$3\frac{11}{20}-2\frac{17}{20}=$

2

$4\frac{5}{16}+1\frac{13}{16}=\frac{84}{16}+\frac{29}{16}$

$=\frac{113}{16}$

$=7\frac{1}{16}$

바른 계산

$4\frac{5}{16}+1\frac{13}{16}=$

3

$5\frac{9}{13}-2\frac{7}{13}=(5-2)-(\frac{9}{13}-\frac{7}{13})$

$=3-\frac{2}{13}$

$=2\frac{13}{13}-\frac{2}{13}=2\frac{11}{13}$

바른 계산

$5\frac{9}{13}-2\frac{7}{13}=$

DAY 11

분수의 덧셈과 뺄셈 종합②

연산 up

1 $\frac{8}{20}+\frac{7}{20}=$

2 $\frac{4}{6}+\frac{5}{6}=$

3 $3\frac{1}{7}+\frac{2}{7}=$

4 $7\frac{4}{10}+8\frac{5}{10}=$

5 $11\frac{6}{15}+9\frac{14}{15}=$

6 $7\frac{5}{11}+\frac{9}{11}=$

7 $7\frac{15}{24}+9\frac{7}{24}=$

8 $\frac{11}{18}-\frac{9}{18}=$

9 $\frac{30}{33}-\frac{17}{33}=$

10 $6\frac{4}{8}-4\frac{1}{8}=$

11 $9\frac{12}{14}-6\frac{7}{14}=$

12 $8\frac{3}{6}-2\frac{4}{6}=$

13 $3\frac{4}{17}-1\frac{6}{17}=$

14 $13-8\frac{10}{12}=$

분수의 덧셈과 뺄셈 종합②

1 길이가 $4\frac{6}{17}$ cm인 색 테이프 2장을 그림과 같이 $1\frac{3}{17}$ cm만큼 겹치게 이어 붙였습니다. 이어 붙인 색 테이프의 전체 길이는 몇 cm일까요?

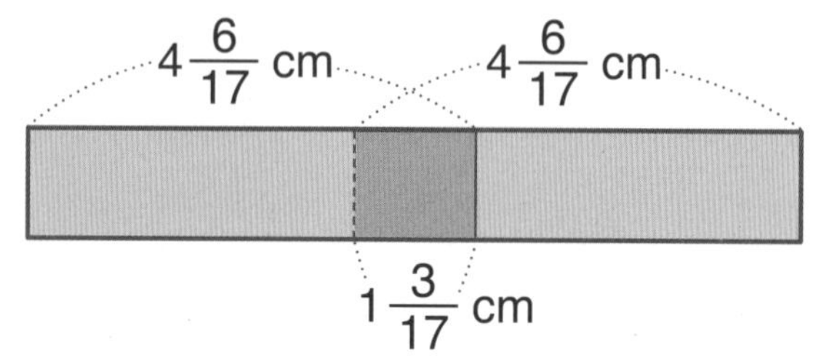

(이어 붙인 색 테이프의 전체 길이) $= 4\frac{6}{17} + 4\frac{6}{17} - 1\frac{3}{17}$

3 길이가 $7\frac{15}{20}$ cm인 색 테이프와 $8\frac{16}{20}$ cm인 색 테이프를 그림과 같이 $3\frac{11}{20}$ cm만큼 겹치게 이어 붙였습니다. 이어 붙인 색 테이프의 전체 길이는 몇 cm일까요?

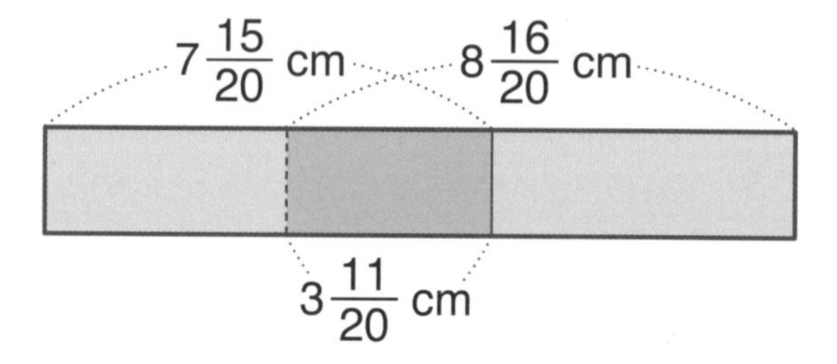

답

2 길이가 $5\frac{2}{13}$ cm인 색 테이프 2장을 그림과 같이 $2\frac{6}{13}$ cm만큼 겹치게 이어 붙였습니다. 이어 붙인 색 테이프의 전체 길이는 몇 cm일까요?

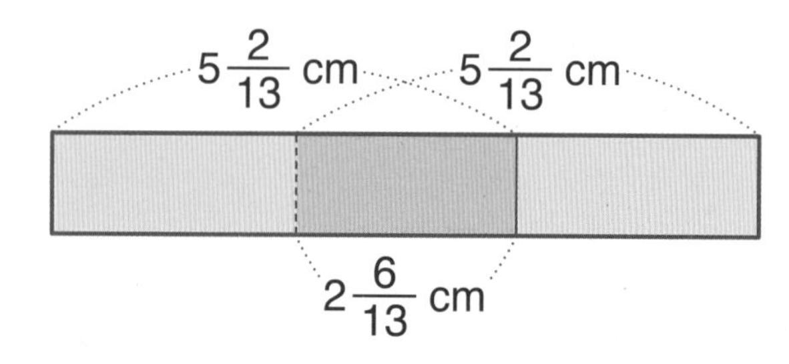

답

4 길이가 $3\frac{7}{11}$ cm인 색 테이프와 $6\frac{3}{11}$ cm인 색 테이프를 그림과 같이 $2\frac{10}{11}$ cm만큼 겹치게 이어 붙였습니다. 이어 붙인 색 테이프의 전체 길이는 몇 cm일까요?

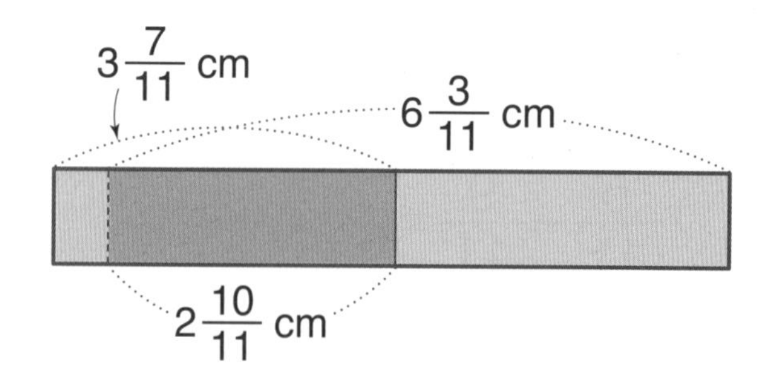

답

DAY 12

분수의 덧셈과 뺄셈 종합③ 어떤 수 구하기

연산 up

□ 안에 알맞은 수를 쓰세요.

바로 개념

분수의 덧셈과 뺄셈의 관계는
자연수의 덧셈과 뺄셈의 관계와 같아.

□+3=7 ➡ □=7-3=4

4+□=7 ➡ □=________=____

7-□=3 ➡ □=________=____

□-3=4 ➡ □=________=____

1 $\square + 8\frac{6}{20} = 16\frac{11}{20}$

$\square = 16\frac{11}{20} - 8\frac{6}{20}$

2 $\square + 9\frac{8}{12} = 18\frac{10}{12}$

3 $\square + 6\frac{9}{15} = 10\frac{2}{15}$

4 $\square + 5\frac{8}{9} = 15\frac{2}{9}$

5 $\square + 9\frac{1}{11} = 17\frac{5}{11}$

6 $\square + \frac{9}{14} = 10\frac{2}{14}$

7 $\square + 8\frac{6}{7} = 16\frac{4}{7}$

8 $\square + 8\frac{10}{13} = 15\frac{3}{13}$

9 $\square + 7\frac{6}{8} = 12\frac{4}{8}$

응용 UP

분수의 덧셈과 뺄셈 종합③

1 어떤 수에서 $3\frac{6}{7}$을 빼야 할 것을 잘못하여 더했더니 $7\frac{6}{7}$이 되었습니다. 어떤 수는 얼마일까요?

$\square + 3\frac{6}{7} = 7\frac{6}{7}$

$\rightarrow \square = 7\frac{6}{7} - 3\frac{6}{7}$

답 ______

2 어떤 수에서 $1\frac{6}{22}$을 빼야 할 것을 잘못하여 더했더니 $3\frac{3}{22}$이 되었습니다. 어떤 수는 얼마일까요?

답 ______

3 어떤 수에서 $2\frac{9}{13}$를 빼야 할 것을 잘못하여 더했더니 $8\frac{11}{13}$이 되었습니다. 바르게 계산한 값은 얼마일까요?

답 ______

4 어떤 수에 $2\frac{20}{25}$을 더해야 할 것을 잘못하여 $20\frac{2}{25}$를 더했더니 $24\frac{1}{25}$이 되었습니다. 바르게 계산한 값은 얼마일까요?

답 ______

DAY 13

분수의 덧셈과 뺄셈 종합④ 어떤 수 구하기

연산 up

□ 안에 알맞은 수를 쓰세요.

1 $\square-2\frac{10}{16}=8\frac{12}{16}$

$\square=8\frac{12}{16}+2\frac{10}{16}$

2 $\square-3\frac{3}{11}=4\frac{5}{11}$

3 $\square-3\frac{7}{14}=8\frac{11}{14}$

4 $\square-3\frac{7}{20}=1\frac{3}{20}$

5 $\square-2\frac{4}{16}=1\frac{14}{16}$

6 $\square-\frac{4}{10}=4\frac{2}{10}$

7 $\square-5\frac{4}{7}=3\frac{2}{7}$

8 $\square-2\frac{6}{12}=4\frac{2}{12}$

9 $\square-1\frac{7}{15}=4\frac{8}{15}$

10 $\square-2\frac{6}{8}=5\frac{6}{8}$

응용 UP 분수의 덧셈과 뺄셈 종합④

빈 곳에 알맞은 분수를 써넣으세요.

1

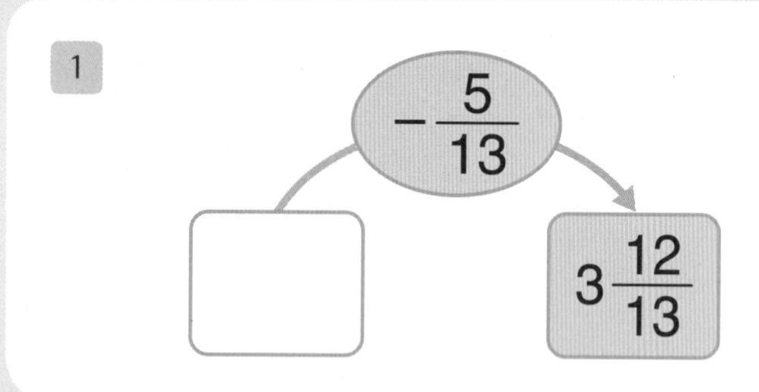

4

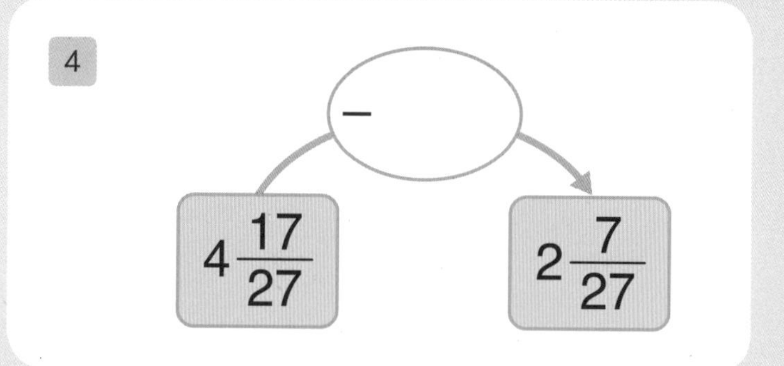

2

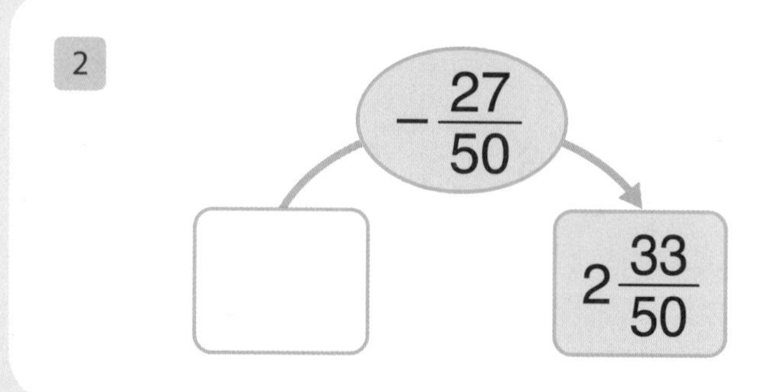

5

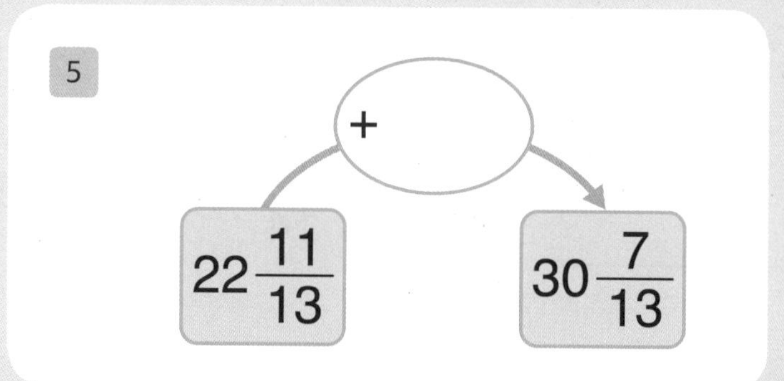

3

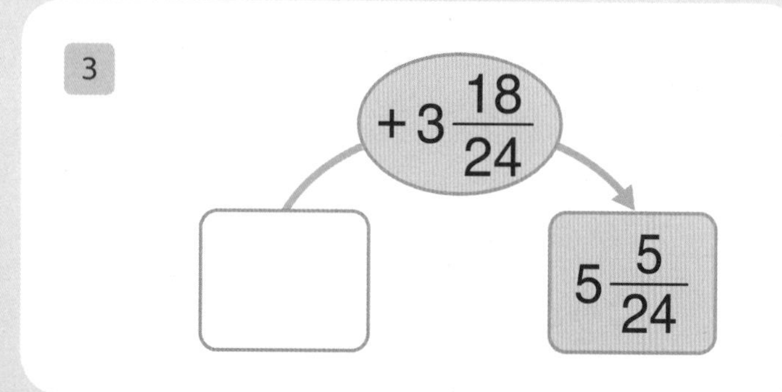

6

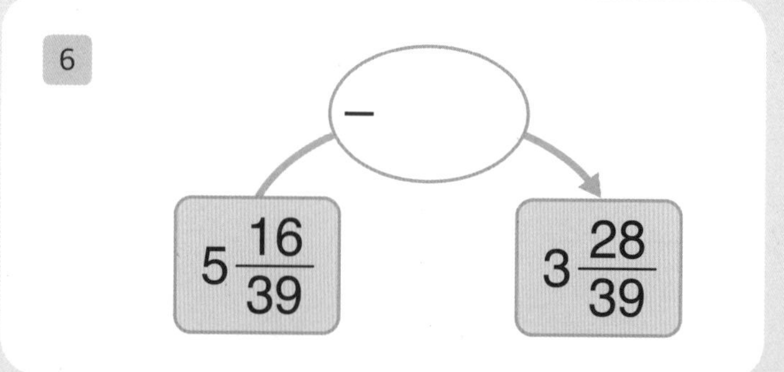

DAY 14

마무리 확인

연산 평가 up

1 계산하세요.

(1) $\frac{2}{12}+\frac{2}{12}=$

(2) $\frac{8}{9}-\frac{5}{9}=$

(3) $3\frac{3}{18}+3\frac{6}{18}=$

(4) $9-\frac{2}{7}=$

(5) $\frac{10}{21}+\frac{11}{21}=$

(6) $7\frac{4}{8}-3\frac{3}{8}=$

(7) $4\frac{22}{23}+1\frac{4}{23}=$

(8) $8\frac{1}{15}-2\frac{3}{15}=$

2 □ 안에 알맞은 수를 쓰세요.

(1) $\square+2\frac{8}{17}=4\frac{16}{17}$

(2) $\square+7\frac{5}{6}=13$

(3) $\square-3\frac{2}{13}=4\frac{9}{13}$

(4) $\square-3\frac{2}{3}=5\frac{2}{3}$

마무리 확인

3 딸기시럽 $1\frac{1}{12}$ L와 우유 $3\frac{7}{12}$ L를 섞어 딸기우유를 만들었습니다. 딸기우유는 모두 몇 L일까요?

( )

4 두형이의 몸무게는 $30\frac{9}{13}$ kg입니다. 희수가 두형이보다 $2\frac{5}{13}$ kg 더 가볍다면 희수의 몸무게는 몇 kg일까요?

( )

5 직사각형의 긴 변의 길이는 $7\frac{5}{11}$ cm이고, 짧은 변의 길이는 $4\frac{8}{11}$ cm입니다. 직사각형의 긴 변의 길이는 짧은 변의 길이보다 몇 cm 더 길까요?

( )

6 주어진 분수 중 2개를 골라 차가 가장 큰 뺄셈식을 만들고 계산하세요.

$3\frac{5}{17}$ $5\frac{11}{17}$ $4\frac{3}{17}$ $2\frac{16}{17}$ $4\frac{5}{17}$

식 ____________________

( )

7 어떤 수에서 $3\frac{5}{8}$를 빼야 할 것을 잘못하여 $5\frac{3}{8}$을 뺐더니 $5\frac{7}{8}$이 되었습니다. 바르게 계산하면 얼마일까요?

( )

02

소수

· 학습계열표 ·

이전에 배운 내용

3-1 분수와 소수
- 분수의 도입
- 소수의 도입

지금 배울 내용

4-2 소수의 덧셈과 뺄셈
- 소수 두 자리 수
- 소수 세 자리 수
- 소수의 크기 비교
- 소수 사이의 관계

앞으로 배울 내용

5-2 소수의 곱셈
- 자연수와 소수의 곱셈
- 소수끼리의 곱셈

• 학습기록표 •

학습 일차	학습 내용	날짜	맞은 개수	
			연산	응용
DAY 15	소수① 분수와 소수의 관계	/	/14	/4
DAY 16	소수② 소수 읽기/쓰기	/	/12	/10
DAY 17	소수③ 소수의 자리값	/	/4	/6
DAY 18	소수의 크기 비교	/	/14	/4
DAY 19	소수 사이의 관계 ①	/	/12	/4
DAY 20	소수 사이의 관계 ②	/	/12	/4
DAY 21	마무리 확인	/	/13	

2. 소수

분수와 소수

소수의 위치를
수직선에서 알아볼까?

소수 한 자리 수

소수점 뒤에 숫자가 1개

$\frac{\square}{10} = 0.\square$

$\frac{1}{10} = 0.1$ 읽기 영 점 일

소수 두 자리 수

소수점 뒤에 숫자가 2개

$\frac{\square\square}{100} = 0.\square\square$

$\frac{1}{100} = 0.01$ 읽기 영 점 영일

소수 세 자리 수

소수점 뒤에 숫자가 3개

$\frac{\square\square\square}{1000} = 0.\square\square\square$

$\frac{1}{1000} = 0.001$ 읽기 영 점 영영일

소수 사이의 관계

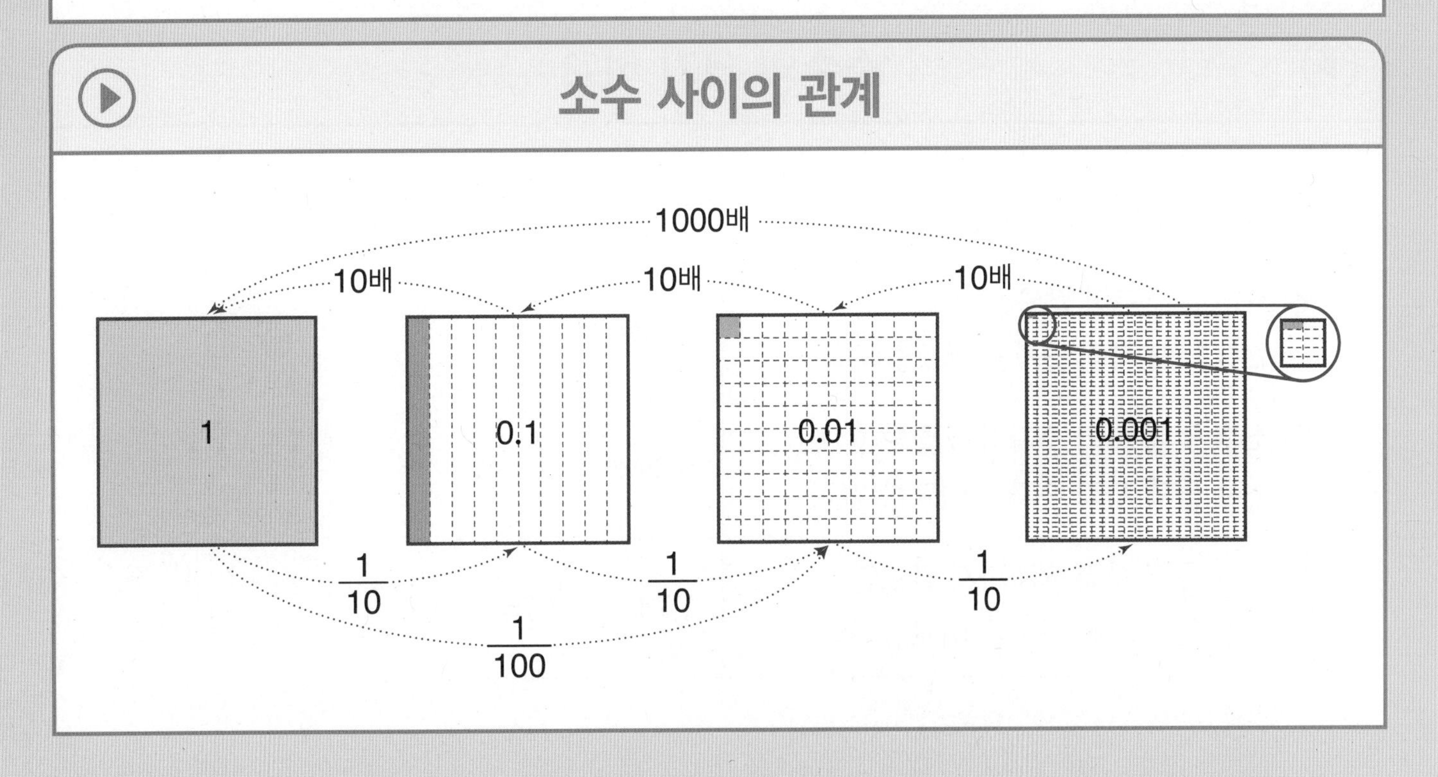

소수의 자릿값

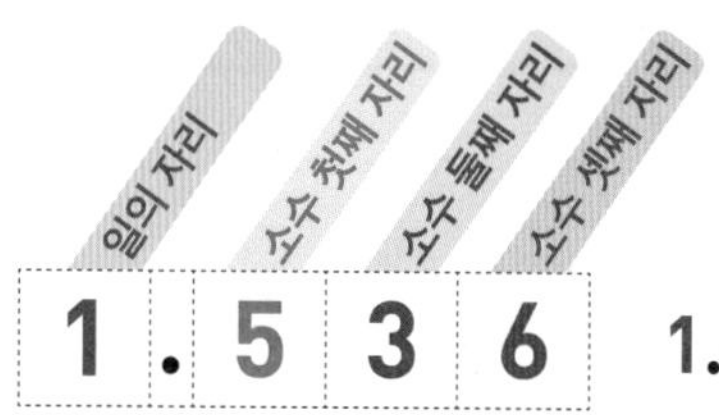

1	.	5	3	6

1.536에서

↓

1					1은 일의 자리 숫자이고, 1을 나타냅니다.
0	.	5			5는 소수 첫째 자리 숫자이고, 0.5를 나타냅니다.
0	.	0	3		3은 소수 둘째 자리 숫자이고, 0.03을 나타냅니다.
0	.	0	0	6	6은 소수 셋째 자리 숫자이고, 0.006을 나타냅니다.

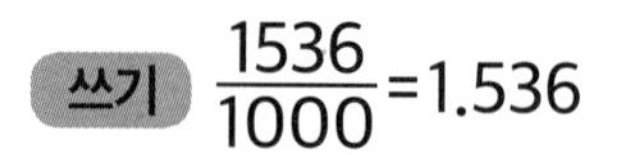

$\frac{1536}{1000}=1.536$

읽기 일 점 오삼육

소수점 아래는 숫자만 읽어.

소수의 크기 비교

❶ 자연수 부분부터 비교합니다.	4.619 < 5.317
❷ 자연수 부분이 같으면 소수 첫째 자리 숫자를 비교합니다.	1.927 > 1.355
❸ 소수 첫째 자리 숫자까지 같으면 소수 둘째 자리 숫자를 비교합니다.	2.194 > 2.138
❹ 소수 둘째 자리 숫자까지 같으면 소수 셋째 자리 숫자를 비교합니다.	1.742 < 1.747

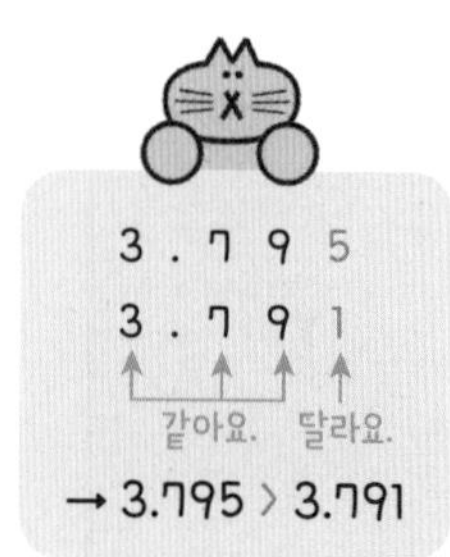

DAY 16

소수② 소수 읽기 / 쓰기

연산 up

소수를 읽거나 소수로 쓰세요.

1 2.93

➡ 이 점 구삼

2 4.75

➡

3 14.06

➡

4 3.901

➡

5 0.036

➡

6 10.167

➡

7 구 점 영오

➡ 9.05

8 십일 점 일사

➡

9 사십팔 점 이팔

➡

10 오 점 육팔육

➡

11 영 점 구영오

➡

12 이십 점 영영사

➡

응용 up 소수②

영진이의 시험지입니다. 채점을 하고, 틀린 문제를 바르게 고치세요.

다음을 바르게 읽어 보세요.

번호	소수	읽기	고침
1	9.8	구 팔	➡ 구 점 팔
2	10.76	십 점 칠육	
3	6.5	육 점 오	
4	35.101	삼십오 점 일영일	
5	12.007	십이 점 칠	
6	5.52	오 점 오십이	
7	72.011	칠십이 점 십일	
8	0.59	영 점 오구	
9	0.017	영 점 일칠	
10	1.149	일 점 일사구	

DAY 17

소수③ 소수의 자릿값

연산 up

빈 곳에 알맞은 수를 쓰세요.

1

18.78 ➡

	십의 자리	일의 자리	소수 첫째 자리	소수 둘째 자리
숫자	1		7	
나타내는 수	10			0.08

2

20.17 ➡

	십의 자리	일의 자리	소수 첫째 자리	소수 둘째 자리
숫자				
나타내는 수				

3

6.497 ➡

	일의 자리	소수 첫째 자리	소수 둘째 자리	소수 셋째 자리
숫자				
나타내는 수				

4

24.707 ➡

	십의 자리	일의 자리	소수 첫째 자리	소수 둘째 자리	소수 셋째 자리
숫자					
나타내는 수					

소수③

소수로 나타내세요.

1

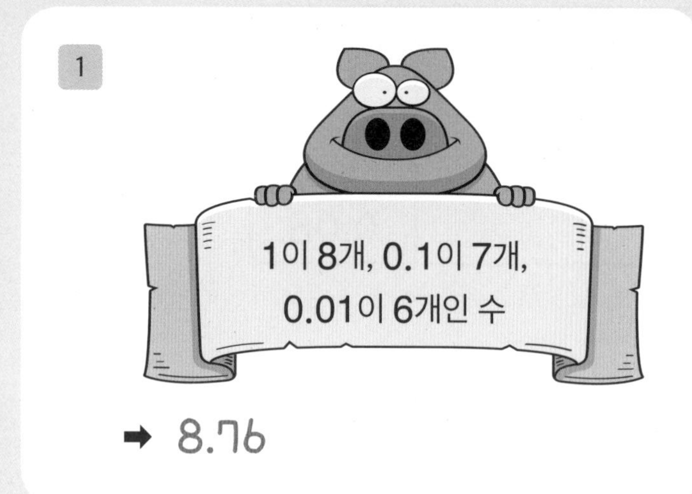

➡ 8.76

4

➡

2

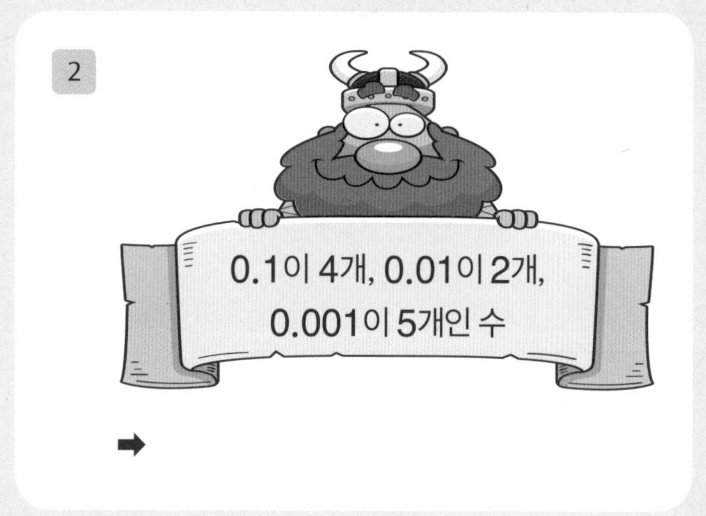

➡

5

➡

3

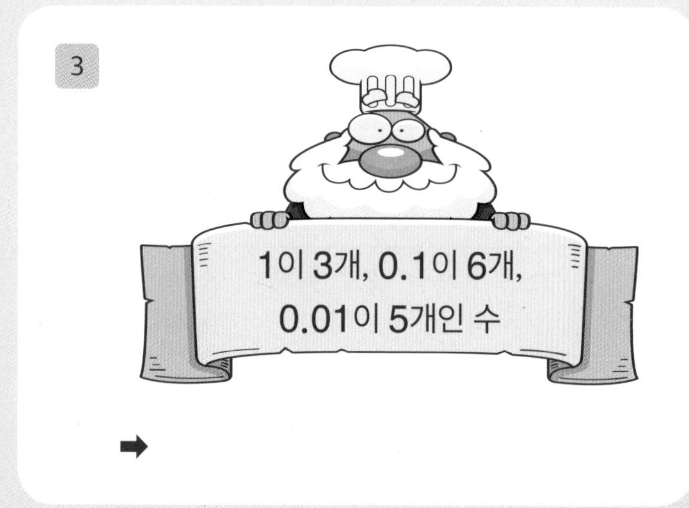

➡

6

➡

주의 없는 자리의 숫자는 0으로 쓰기!

DAY 18

소수의 크기 비교

두 수의 크기를 비교하여 ○ 안에 >, <를 알맞게 쓰세요.

1. 8.75 (<) 8.95
   높은 자리 수부터 비교해.
2. 4.51 ○ 3.09
3. 0.514 ○ 0.984
4. 1.123 ○ 1.138
5. 26.22 ○ 26.94
6. 5.167 ○ 5.107
7. 14.74 ○ 15.61
8. 12.55 ○ 1.255
9. 55.36 ○ 31.29
10. 6.46 ○ 60.37
11. 5.09 ○ 5.6
12. 75.48 ○ 62.014
13. 53 ○ 53.11
14. 2.707 ○ 2.77

응용 UP 소수의 크기 비교

1 민준이와 정현이는 학교에서 50 m 달리기를 했습니다. 민준이의 기록은 9.43초이고, 정현이의 기록은 9.52초입니다. 더 빨리 달린 사람은 누구일까요?

9.43 ◯ 9.52

4 < 5

답 ____________

2 주스 1팩에 당근이 전체의 0.332만큼, 사과가 전체의 0.528만큼 들어 있습니다. 당근과 사과 중 더 많이 들어 있는 것은 어느 것일까요?

답 ____________

3 설악산 등산 코스 중 금강굴 코스는 3.6 km, 울산바위 코스는 3.8 km, 백담사 코스는 6.5 km입니다. 세 코스 중 가장 긴 코스는 어느 코스일까요?

답 ____________

4 미정이네 집에서 도서관까지의 거리는 2.36 km, 서점까지의 거리는 3.021 km, 학교까지의 거리는 2.9 km입니다. 도서관, 서점, 학교 중 미정이네 집에서 가장 가까운 곳은 어디일까요?

답 ____________

DAY 19

소수 사이의 관계 ①

연산 up

빈 곳에 알맞은 수를 쓰세요.

1. 4.15 —10배→ 41.5

10배
100배
1000배
소수점

2. 0.057 —10배→ [ ]

3. 2.915 —100배→ [ ]

4. 54.321 —100배→ [ ]

5. 8.424 —1000배→ [ ]

6. 15.12 —1000배→ [ ]

7. 40.9 —$\frac{1}{10}$→ 4.09

$\frac{1}{10}$
$\frac{1}{100}$
$\frac{1}{1000}$
소수점

8. 6.91 —$\frac{1}{10}$→ [ ]

9. 5.1 —$\frac{1}{100}$→ [ ]

10. 43 —$\frac{1}{100}$→ [ ]

11. 3.7 —$\frac{1}{1000}$→ [ ]

12. 6 —$\frac{1}{1000}$→ [ ]

6=6.0
자연수는 끝에
소수점이 있는 것으로 생각해.

응용 UP 소수 사이의 관계 ①

1 우유 한 병은 1.2 L입니다. 한 상자에 우유가 10병 들어 있다면 한 상자에 들어 있는 우유는 모두 몇 L일까요?

1.2의 10배 → 1.2 → 12

답 ____________

2 밀가루가 50 kg 있었습니다. 수제비 반죽을 하는 데 이 밀가루의 $\frac{1}{100}$만큼 사용했습니다. 수제비 반죽을 하는 데 사용한 밀가루는 몇 kg일까요?

답 ____________

3 요구르트 한 개는 0.2 L입니다. 요구르트 100개는 몇 L일까요?

답 ____________

4 마라톤 하프 코스는 21.097 km입니다. 이 코스의 $\frac{1}{10}$만큼 뛰었다면 몇 km를 뛰었을까요?

답 ____________

DAY 20

소수 사이의 관계②

연산 up

빈 곳에 알맞은 수를 쓰세요.

1. 57.8 cm = 578 mm

바로 개념

1km = 1000m	1m = 0.001km
1m = 100cm	1cm = 0.01m
1cm = 10mm	1mm = 0.1cm
1m = 1000mm	1mm = 0.001m
1t = 1000kg	1kg = 0.001t
1kg = 1000g	1g = 0.001kg
1L = 1000mL	1mL = 0.001L

2. 1.7 km = ______ m

3. 40.6 m = ______ km

4. 857.9 cm = ______ m

5. 0.85 mm = ______ cm

6. 1.2 kg = ______ g

7. 87.3 g = ______ kg

8. 3.79 kg = ______ g

9. 203.7 g = ______ kg

10. 5.5 L = ______ mL

11. 8.99 L = ______ mL

12. 9 mL = ______ L

응용 up 소수 사이의 관계 ②

1 지수가 가진 색 테이프는 39.7 cm이고 은정이가 가진 색 테이프는 0.38 m입니다. 누구의 색 테이프가 더 길까요?

39.7 cm = 0.397 m

답 ______

2 성진이네 가족은 주말 농장에서 고구마 2452 g과 무 2.5 kg을 수확했습니다. 수확한 고구마와 무 중에서 더 무거운 것은 어느 것일까요?

답 ______

3 오늘 하루 동안 진성이는 3.75 km를 걸었고, 선규는 2950 m를 걸었습니다. 진성이와 선규 중 더 먼 거리를 걸은 사람은 누구일까요?

답 ______

4 바나나맛 우유를 지선이는 250 mL 마셨고 준서는 0.37 L 마셨습니다. 누가 바나나맛 우유를 더 적게 마셨을까요?

답 ______

마무리 확인

1 분수는 소수로, 소수는 분수로 나타내세요.

(1) $\frac{72}{100}$ ➡

(2) $\frac{1109}{1000}$ ➡

(3) 7.71 ➡

(4) 9.114 ➡

2 소수로 쓰세요.

(1) 십삼 점 오삼육

➡

(2) 십일 점 일사

➡

3 소수를 잘못 읽은 사람의 이름을 쓰고, 바르게 읽으세요.

(,)

4 빈 곳에 알맞은 수를 쓰세요.

3.538 ➡

	일의 자리	소수 첫째 자리	소수 둘째 자리	소수 셋째 자리
숫자				
나타내는 수				

마무리 확인

5 설명하는 소수를 쓰고 읽어 보세요.

(1) 10이 9개, 1이 9개, 0.1이 5개, 0.01이 1개인 수

쓰기 읽기

(2) 10이 3개, 1이 6개, 0.1이 4개, 0.001이 2개인 수

쓰기 읽기

6 수직선에 1.87과 1.92를 각각 나타내고, 두 수의 크기를 비교하세요.

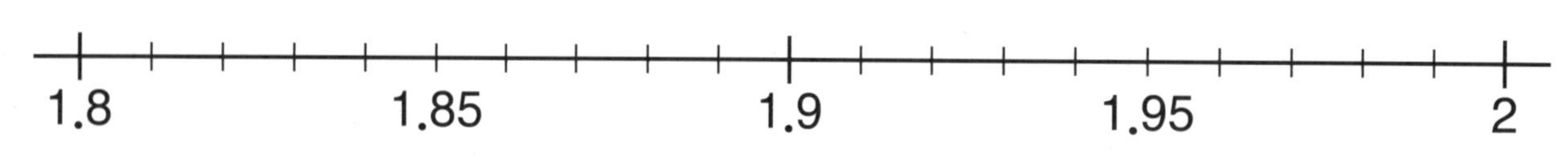

1.87 ○ 1.92

7 나타내는 수가 다른 하나를 찾아 기호를 쓰세요.

㉠ 3.75	㉡ 0.375의 10배	㉢ 37.5의 100배
㉣ $\frac{375}{100}$	㉤ 37.5의 $\frac{1}{10}$	㉥ 375의 $\frac{1}{100}$

( )

8 보라색 끈의 길이는 1.056 m이고, 주황색 끈의 길이는 123 cm입니다. 어떤 색 끈의 길이가 더 길까요?

( )

03

소수의 덧셈과 뺄셈

• 학습계열표 •

이전에 배운 내용

3-1 분수와 소수
- 분수의 도입
- 소수의 도입

▼

지금 배울 내용

4-2 소수의 덧셈과 뺄셈
- 소수의 덧셈
- 소수의 뺄셈

▼

앞으로 배울 내용

5-2 소수의 곱셈
- 자연수와 소수의 곱셈
- 소수끼리의 곱셈

• 학습기록표 •

학습 일차	학습 내용	날짜	맞은 개수	
			연산	응용
DAY 22	**소수의 덧셈①** 자릿수가 같은 소수의 덧셈	/	/15	/4
DAY 23	**소수의 덧셈②** 자릿수가 다른 소수의 덧셈	/	/15	/4
DAY 24	**소수의 덧셈③** 소수의 덧셈 종합	/	/12	/8
DAY 25	**소수의 덧셈④** 소수의 덧셈 종합	/	/12	/4
DAY 26	**소수의 뺄셈①** 자릿수가 같은 소수의 뺄셈	/	/15	/4
DAY 27	**소수의 뺄셈②** 자릿수가 다른 소수의 뺄셈	/	/15	/4
DAY 28	**소수의 뺄셈③** 소수의 뺄셈 종합	/	/12	/4
DAY 29	**소수의 뺄셈④** 소수의 뺄셈 종합	/	/12	/8
DAY 30	**소수의 덧셈과 뺄셈 종합①**	/	/12	/3
DAY 31	**소수의 덧셈과 뺄셈 종합②**	/	/12	/3
DAY 32	**소수의 덧셈과 뺄셈 종합③** 어떤 수 구하기	/	/14	/10
DAY 33	**마무리 확인**	/	/23	

3. 소수의 덧셈과 뺄셈

소수의 덧셈

자릿수가 같은 경우

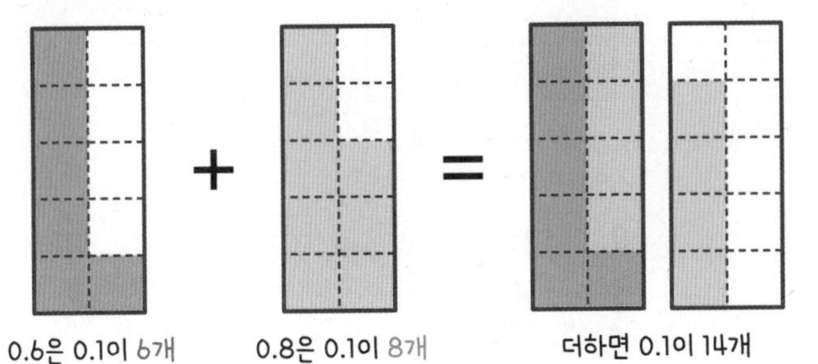

$0.6+0.8=1.4$

	0	. 6
+	0	. 8

➡

	1	
	0	. 6
+	0	. 8
	1	4

➡

	0	. 6
+	0	. 8
	1	. 4

❶ 소수점의 자리를 맞추어 쓰기
❷ 자연수의 덧셈처럼 계산하기
❸ 소수점을 그대로 내려 찍기

자릿수가 다른 경우

소수점의 자리를 맞추고 1.7을 1.70으로 생각해요.

	1	. 7	0
+	0	. 5	3

➡

	1		
	1	. 7	0
+	0	. 5	3
	2	. 2	3

1.7은 0.01이 170개
0.53은 0.01이 53개
더하면 0.01이 223개

소수점을 맞추어 쓰는 게 가장 중요해!

$1.7+0.53=2.23$

❶ 소수점의 자리를 맞추어 씁니다.
❷ 자연수의 덧셈과 같은 방법으로 계산합니다.
❸ 소수점을 그대로 내려 찍습니다.

소수의 뺄셈

자릿수가 같은 경우

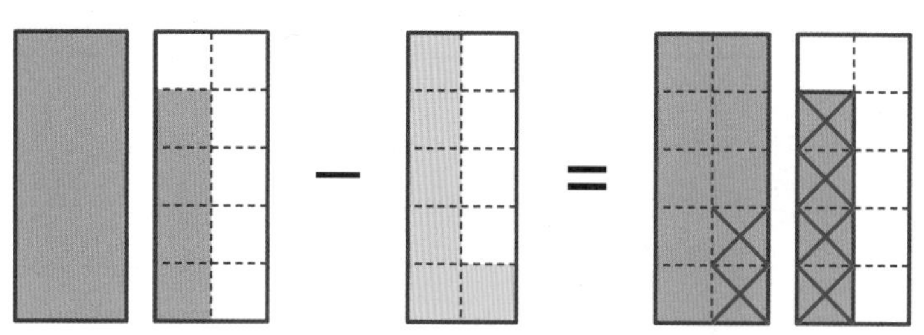

$1.4-0.6=0.8$

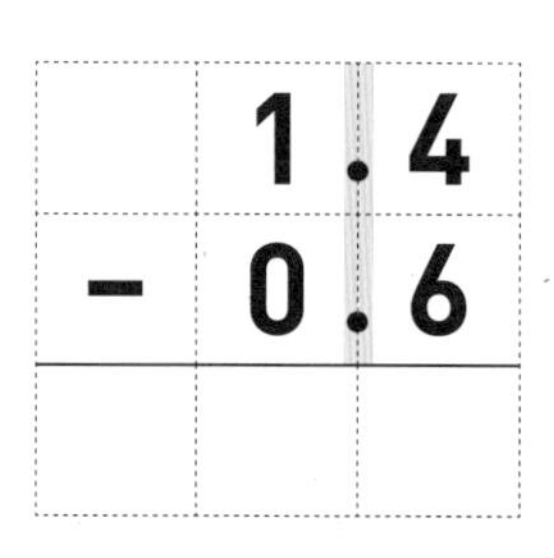

➊ 소수점의 자리를 맞추어 쓰기

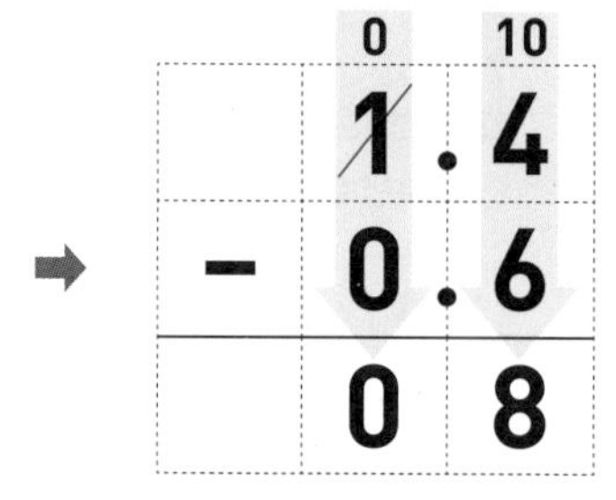

➋ 자연수의 뺄셈처럼 계산하기

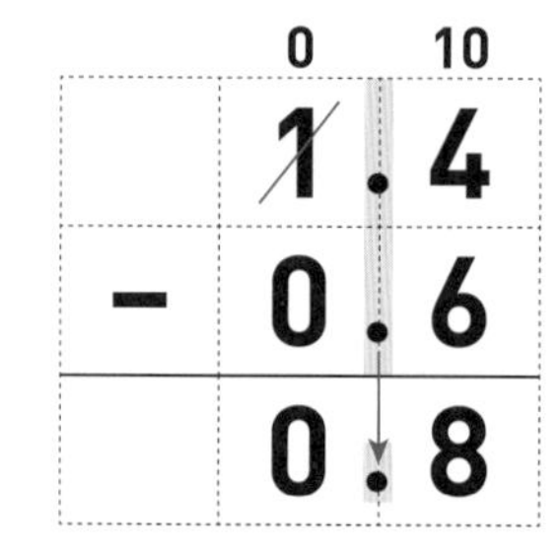

➌ 소수점을 그대로 내려 찍기

자릿수가 다른 경우

	5	. 8	0
−	3	. 3	4

→

	5	. 8	0
−	3	. 3	4
	2	. 4	6

$5.8-3.34=2.46$

➊ 소수점의 자리를 맞추어 씁니다.
➋ 자연수의 뺄셈과 같은 방법으로 계산합니다.
➌ 소수점을 그대로 내려 찍습니다.

소수의 덧셈 ① 자릿수가 같은 소수의 덧셈

1
$$\begin{array}{r} 0.3 \\ +\ 1.1 \\ \hline 1.4 \end{array}$$

소수점을 바르게 찍었는지 꼭 확인하기!

2
$$\begin{array}{r} 2.2 \\ +\ 0.3 \\ \hline \end{array}$$

3
$$\begin{array}{r} 7.8 \\ +\ 9.6 \\ \hline \end{array}$$

4
$$\begin{array}{r} 5.3 \\ +\ 8.2 \\ \hline \end{array}$$

5
$$\begin{array}{r} 1.4 \\ +\ 3.6 \\ \hline \end{array}$$

6
$$\begin{array}{r} 1.65 \\ +\ 1.76 \\ \hline \end{array}$$

7
$$\begin{array}{r} 0.98 \\ +\ 1.06 \\ \hline \end{array}$$

8
$$\begin{array}{r} 12.54 \\ +\ 3.39 \\ \hline \end{array}$$

9
$$\begin{array}{r} 1.31 \\ +\ 8.19 \\ \hline \end{array}$$

10
$$\begin{array}{r} 2.47 \\ +\ 13.74 \\ \hline \end{array}$$

11
$$\begin{array}{r} 1.892 \\ +\ 2.104 \\ \hline \end{array}$$

12
$$\begin{array}{r} 4.246 \\ +\ 1.834 \\ \hline \end{array}$$

13
$$\begin{array}{r} 0.133 \\ +\ 9.498 \\ \hline \end{array}$$

14
$$\begin{array}{r} 2.318 \\ +\ 0.123 \\ \hline \end{array}$$

15
$$\begin{array}{r} 2.909 \\ +\ 1.173 \\ \hline \end{array}$$

응용 UP 소수의 덧셈①

1 영민이는 초콜릿 시럽 0.55 L와 우유 1.52 L를 섞어 초콜릿 우유를 만들었습니다. 영민이가 만든 초콜릿 우유는 몇 L일까요?

(초콜릿 우유) = (초콜릿 시럽) + (우유)
= 0.55 + 1.52

답 ______

2 민지는 밀가루 0.25 kg과 물 0.18 kg을 섞어서 칼국수 반죽을 만들었습니다. 민지가 만든 칼국수 반죽은 몇 kg일까요?

답 ______

3 직사각형의 짧은 변의 길이는 1.687 cm이고, 긴 변의 길이는 3.069 cm입니다. 직사각형의 긴 변의 길이와 짧은 변의 길이의 합은 몇 cm일까요?

답 ______

4 무게가 0.855 kg인 빈 상자가 있습니다. 이 상자에 책 5.036 kg을 담았습니다. 책이 들어 있는 상자의 무게는 몇 kg일까요?

답 ______

DAY 23

소수의 덧셈② 자릿수가 다른 소수의 덧셈

1

	0.	1	1	0
+	2.	2	3	4

소수점 아래 끝자리에 0이 있다고 생각하고 계산해.

2

	5.	0	4	
+	3.	3	9	2

3

	7.	2	4	
+	4.	5	2	1

4

	0.	4	7	
+	1.	8	3	3

5

	1.	6	5	
+	2.	9	8	4

6

	8.	3	5	3
+	0.	7	5	

7

	1.	6	5	4
+	1.	9	9	

8

	4.	7	6	2
+	5.	6	3	

9

	2.	0	3	8
+	6.	4	3	

10

	1.	5	8	4
+	0.	7	5	

11

	2.	3	2	
+	2.	4	7	1

12

	1.	3	6	
+	2.	5	2	9

13

	4.	0	0	7
+	0.	5	4	

14

	0.	1	4	9
+	7.	2	9	

15

	4.	9	7	
+	6.	5	0	1

응용 up 소수의 덧셈 ②

1 소정이와 수림이가 몸무게를 재었습니다. 소정이의 몸무게는 38.3 kg이었고, 수림이는 소정이보다 3.85 kg 더 무거웠습니다. 수림이의 몸무게는 몇 kg일까요?

답 ____________

2 민지는 우유 2.34 L로 케이크를 만들고, 1.2 L로 빵을 만들었습니다. 민지가 케이크와 빵을 만들기 위해 사용한 우유는 모두 몇 L일까요?

답 ____________

3 학교에서 버스 정류장까지의 거리는 0.47 km이고, 버스 정류장에서 집까지의 거리는 1.982 km입니다. 학교에서 버스 정류장을 지나 집까지 오는 거리는 모두 몇 km일까요?

답 ____________

4 선주와 재호가 사탕을 만들었습니다. 선주는 50.25 g을 만들고, 재호는 선주보다 20.085 g 더 많이 만들었습니다. 재호가 만든 사탕은 몇 g일까요?

답 ____________

DAY 24

소수의 덧셈③ 소수의 덧셈 종합

연산 up

1 $0.43+0.34=0.77$

		0.	4	3
	+	0.	3	4
		0.	7	7

소수점 위치를 맞춰서
세로셈으로 계산해.

2 $0.05+2.17$

3 $2.19+5.63$

4 $0.37+0.54$

5 $4.71+3.706$

6 $2.22+8.109$

7 $2.298+7.44$

8 $4.203+1.75$

9 $2.95+0.6$

10 $3.468+1.2$

11 $6.04+3.5$

12 $6.225+3.7$

응용 UP 소수의 덧셈③

□ 안에 알맞은 수를 쓰세요.

1

	1	.	□	8
+	4	.	7	6
	□	.	2	□

2

	3	.	□	2
+	3	.	9	
	□	.	5	□

3

	5	.	□	
+	□	.	5	□
	8	.	1	7

4

	□	.	9	6
+	3	.	□	5
	9	.	7	□

5

	□	.	0	9	
+	2	.	□	□	7
	7	.	8	0	□

6

	1	.	□	5	8
+	4	.	0	□	□
	□	.	3	3	5

7

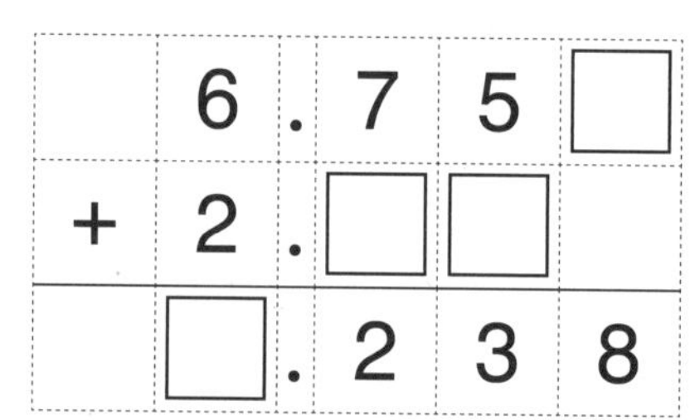

8

	□	.	8		
+	3	.	□	□	5
	6	.	2	8	□

소수의 덧셈④ 소수의 덧셈 종합

1 $1.17+3.12$

5 $1.06+3.9$

9 $3.183+4.974$

2 $0.68+5.45$

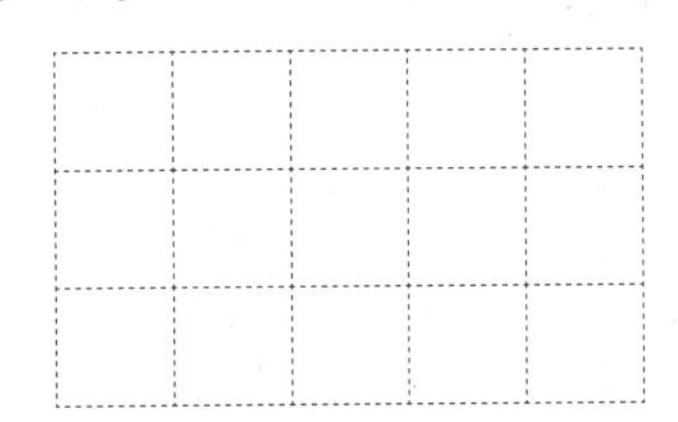

6 $2.2+3.03$

10 $8.574+6.409$

3 $9.57+6.84$

7 $6.289+8.68$

11 $6.67+2.8$

4 $1.12+4.39$

8 $5.43+6.297$

12 $5.05+3.596$

응용 up 소수의 덧셈④

1 5장의 카드를 한 번씩 모두 사용하여 만들 수 있는 소수 중에서 가장 큰 소수 세 자리 수와 가장 작은 소수 두 자리 수의 합을 구하세요.

. 6 2 9 7

9>7>6>2
가장 큰 소수 세 자리 수: 9.762
가장 작은 소수 두 자리 수: 26.79

답 ______

2 5장의 카드를 한 번씩 모두 사용하여 만들 수 있는 소수 중에서 가장 큰 소수 두 자리 수와 가장 작은 소수 세 자리 수의 합을 구하세요.

. 4 5 8 3

답 ______

3 5장의 카드를 한 번씩 모두 사용하여 만들 수 있는 소수 중에서 가장 큰 소수 세 자리 수와 가장 작은 소수 두 자리 수의 합을 구하세요.

. 2 4 1 9

답 ______

4 5장의 카드를 한 번씩 모두 사용하여 만들 수 있는 소수 중에서 가장 큰 소수 두 자리 수와 가장 작은 소수 두 자리 수의 합을 구하세요.

. 7 0 4 3

답 ______

DAY 26

소수의 뺄셈 ① 자릿수가 같은 소수의 뺄셈

1
$$\begin{array}{r} 2.5 \\ -\ 0.9 \\ \hline 1.6 \end{array}$$

소수 첫째 자리끼리 뺄 수 없을 때에는 일의 자리에서 받아내림 해.

2
$$\begin{array}{r} 2.6 \\ -\ 0.8 \\ \hline \end{array}$$

3
$$\begin{array}{r} 4.5 \\ -\ 2.9 \\ \hline \end{array}$$

4
$$\begin{array}{r} 6.2 \\ -\ 3.7 \\ \hline \end{array}$$

5
$$\begin{array}{r} 8.9 \\ -\ 1.3 \\ \hline \end{array}$$

6
$$\begin{array}{r} 0.95 \\ -\ 0.76 \\ \hline \end{array}$$

7
$$\begin{array}{r} 1.03 \\ -\ 0.37 \\ \hline \end{array}$$

8
$$\begin{array}{r} 1.14 \\ -\ 0.96 \\ \hline \end{array}$$

9
$$\begin{array}{r} 3.25 \\ -\ 2.87 \\ \hline \end{array}$$

10
$$\begin{array}{r} 5.96 \\ -\ 2.33 \\ \hline \end{array}$$

11
$$\begin{array}{r} 5.686 \\ -\ 0.905 \\ \hline \end{array}$$

12
$$\begin{array}{r} 3.901 \\ -\ 2.103 \\ \hline \end{array}$$

13
$$\begin{array}{r} 5.686 \\ -\ 3.497 \\ \hline \end{array}$$

14
$$\begin{array}{r} 8.798 \\ -\ 4.707 \\ \hline \end{array}$$

15
$$\begin{array}{r} 6.285 \\ -\ 3.706 \\ \hline \end{array}$$

1 보라색 끈 5.53 m 중 3.17 m를 선물 포장에 사용했습니다. 남은 보라색 끈의 길이는 몇 m일까요?

답 ______

2 설탕이 3.25 kg 있었습니다. 그중 1.78 kg으로 사탕을 만들었습니다. 남은 설탕은 몇 kg일까요?

답 ______

3 호진이의 몸무게는 42.613 kg이고, 영우는 호진이보다 5.755 kg 가볍습니다. 영우의 몸무게는 몇 kg일까요?

답 ______

4 학교에서 지하철역까지의 거리는 1.772 km이고, 학교에서 버스 정류장까지의 거리는 0.519 km입니다. 학교에서 버스 정류장까지의 거리는 지하철역까지의 거리보다 몇 km 더 가까울까요?

답 ______

소수의 뺄셈 ② 자릿수가 다른 소수의 뺄셈

1. $\begin{array}{r} \overset{3}{\cancel{4}}\ \overset{10}{0} \\ 3.40 \\ -\ 2.33 \\ \hline 1.07 \end{array}$

2. $\begin{array}{r} 8.2 \\ -\ 7.78 \\ \hline \end{array}$

3. $\begin{array}{r} 4.78 \\ -\ 3.8 \\ \hline \end{array}$

4. $\begin{array}{r} 6.825 \\ -\ 6.29 \\ \hline \end{array}$

5. $\begin{array}{r} 5 \\ -\ 0.8 \\ \hline \end{array}$

6. $\begin{array}{r} 7 \\ -\ 3.49 \\ \hline \end{array}$

7. $\begin{array}{r} 4.1 \\ -\ 2.47 \\ \hline \end{array}$

8. $\begin{array}{r} 10.9 \\ -\ 7.29 \\ \hline \end{array}$

9. $\begin{array}{r} 3.706 \\ -\ 0.43 \\ \hline \end{array}$

10. 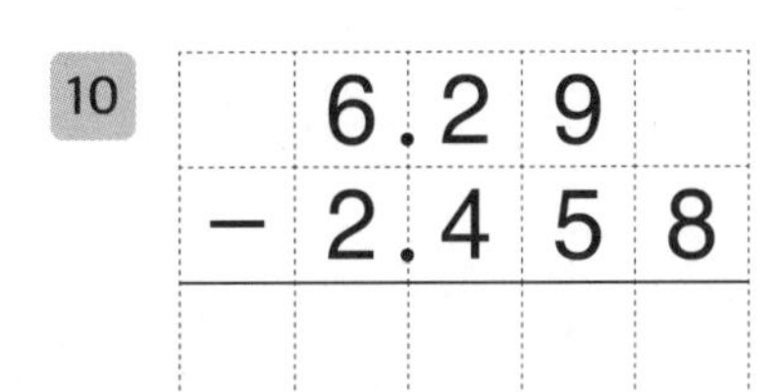

$\begin{array}{r} 6.29 \\ -\ 2.458 \\ \hline \end{array}$

11. $\begin{array}{r} 9.1 \\ -\ 8.28 \\ \hline \end{array}$

12. $\begin{array}{r} 2 \\ -\ 1.497 \\ \hline \end{array}$

13. $\begin{array}{r} 41.06 \\ -\ 0.2 \\ \hline \end{array}$

14. $\begin{array}{r} 0.951 \\ -\ 0.38 \\ \hline \end{array}$

15. $\begin{array}{r} 5.06 \\ -\ 3.5 \\ \hline \end{array}$

응용 UP 소수의 뺄셈 ②

1 감자가 들어 있는 바구니의 무게는 3.5 kg입니다. 빈 바구니의 무게가 0.78 kg일 때 바구니에 들어 있는 감자만의 무게는 몇 kg일까요?

답 ____________

2 정민이네 집에서 서점까지의 거리는 3 km입니다. 정민이가 집에서 서점까지 가는 데 2.56 km는 자전거를 타고 나머지는 걸어서 갔습니다. 정민이가 걸어간 거리는 몇 km일까요?

답 ____________

3 파인애플 1개의 무게는 1.547 kg이고 수박 1개의 무게는 6.94 kg입니다. 수박 1개는 파인애플 1개보다 몇 kg 더 무거울까요?

답 ____________

4 수민이네 자동차에 휘발유가 15.42 L 들어 있었습니다. 할머니 댁에 다녀온 후 휘발유가 1.7 L 남았습니다. 사용한 휘발유는 몇 L일까요?

답 ____________

소수의 뺄셈 ③ 소수의 뺄셈 종합

1 1.1−0.95=0.15

		1.	1	
	-	0.	9	5
		0.	1	5

2 0.889−0.087

3 21.2−10.67

4 2.414−1.912

5 5.29−4.52

6 3.706−0.38

7 8−3.33

8 8.45−0.234

9 2−0.61

10 3−2.507

11 4.55−2.96

12 11.6−9.13

소수의 뺄셈 ③

A가 나타내는 수와 B가 나타내는 수의 차를 구하세요.

1

A 0.1이 7개, 0.01이 6개인 수

B 1이 3개이고, 0.1이 3개, 0.01이 4개인 수

A: $0.7+0.06=0.76$
B: $3+0.3+0.04=3.34$
차: $3.34-0.76=2.58$

답 ______

2

A 1이 9개이고, 0.1이 1개, 0.001이 5개인 수

B 1이 7개이고, 0.1이 5개, 0.01이 2개인 수

답 ______

3

A 1이 11개, 0.1이 5개, 0.01이 7개인 수

B 1이 1개이고, 0.1이 2개, 0.01이 38개인 수

답 ______

4

A 1이 13개, 0.1이 4개, 0.001이 56개인 수

B 1이 2개이고, 0.01이 1개, 0.001이 11개인 수

답 ______

DAY 29

소수의 뺄셈 ④ 소수의 뺄셈 종합

연산 up

1 $9.84-5.29$

2 $3.507-0.55$

3 $6-3.134$

4 $7.128-0.497$

5 $5.09-0.051$

6 $9.296-0.103$

7 $2.3-1.11$

8 $3.452-2.05$

9 $2.3-0.57$

10 $1.4-0.885$

11 $1.274-0.29$

12 $8-5.15$

응용 up 소수의 뺄셈④

□ 안에 알맞은 수를 쓰세요.

1

	3	.	1	3
−	1	.	2	□
	□	.	□	8

2

	□	.	4	7	□
−	2	.	□	2	
	2	.	1	□	3

3

	□	.	1	□	5
−	2	.	□	7	8
	2	.	5	2	□

4

	6	.	1	□	
−	□	.	4	8	□
	2	.	□	2	5

5

	2	.	9	□	1
−	0	.	□	6	
	□	.	6	3	□

6

	8	.	□	□	9
−	1	.	7	0	□
	□	.	2	6	2

7

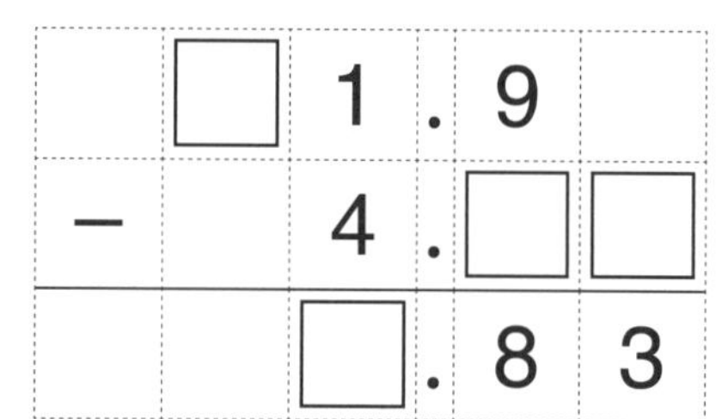

	□	1	.	9	
−		4	.	□	□
		□	.	8	3

8

	7	.	□		
−	□	.	5	□	3
	6	.	1	5	□

DAY 30

소수의 덧셈과 뺄셈 종합①

연산 up

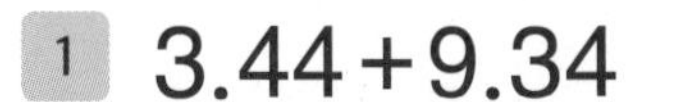

1 $3.44+9.34$

2 $6.04+2.81$

3 $3-0.58$

4 $1.118-0.281$

5 $2.29+0.701$

6 $8.011+0.076$

7 $4.65-0.76$

8 $10-0.34$

9 $1.108+3.04$

10 $4.16+0.281$

11 $6.04-3.047$

12 $3.4-0.934$

응용 up 소수의 덧셈과 뺄셈 종합①

1 하진이의 몸무게는 32.59 kg입니다. 승수가 하진이보다 3.13 kg 더 무겁다면 하진이와 승수의 몸무게의 합은 몇 kg일까요?

(승수의 몸무게)=(하진이의 몸무게)+3.13

답 ______

2 우리나라 산 중에서 지리산의 높이는 1916.77 m이고 한라산의 높이는 1947.3 m입니다. 어느 산이 몇 m 더 높을까요?

답 ______, ______

3 준수는 빨간색 끈을 0.429 m, 파란색 끈을 43.8 cm 가지고 있습니다. 어떤 색 끈을 몇 cm 더 가지고 있을까요?

답 ______, ______

소수의 덧셈과 뺄셈 종합 ②

연산 up

1 4.34+3.51

5 2.33+1.284

9 8.511+2.31

2 7.32+71.22

6 7.02+0.036

10 4.225+3.693

3 7.72−2.88

7 4.25−3.8

11 2.047−0.432

4 1.092−0.74

8 8.24−7.549

12 6−4.307

응용 up 소수의 덧셈과 뺄셈 종합②

잘못 계산한 곳을 찾아 바르게 계산하세요.

1

51.04+3.064

$$\begin{array}{r} 51.04 \\ -\ \ 3.064 \\ \hline 47.976 \end{array}$$

바른 계산

2

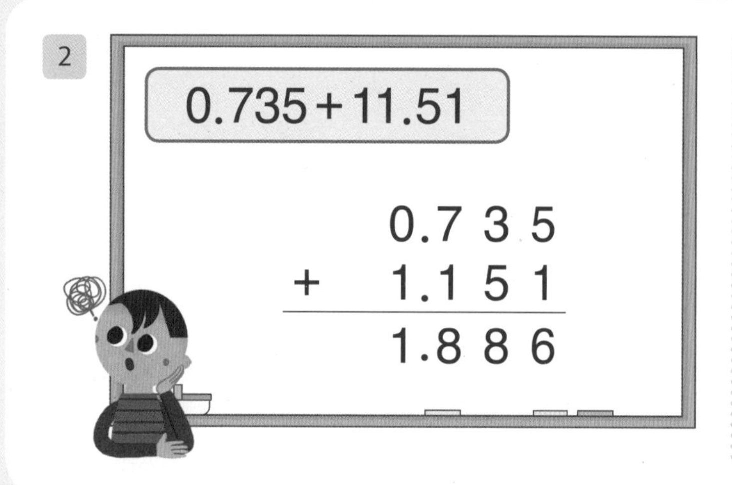

바른 계산

3

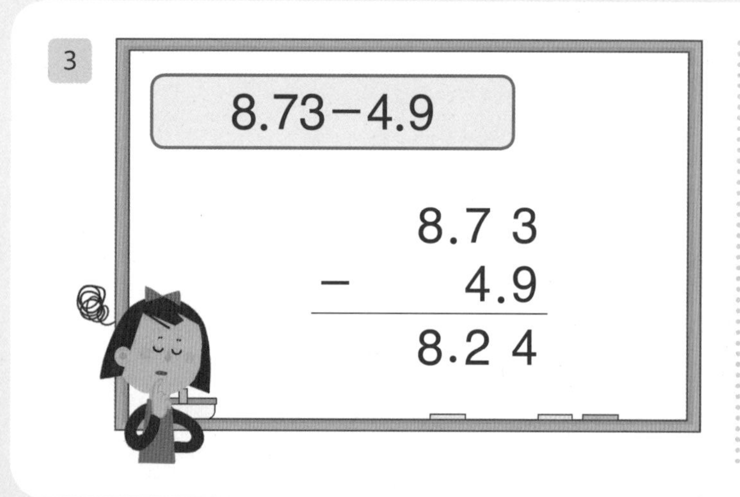

바른 계산

DAY 32

소수의 덧셈과 뺄셈 종합 ③ 어떤 수 구하기

연산 up

□ 안에 알맞은 소수를 쓰세요.

1. [6.15] + 1.52 = 7.67

   □ = 7.67 − 1.52 = 6.15

2. [ ] + 2.61 = 21.27

3. [ ] + 3.12 = 10.88

4. [ ] + 8.798 = 9.901

5. [ ] + 15.1 = 19.35

6. [ ] + 0.82 = 9.83

7. [ ] + 2.66 = 3.894

8. [2.3] − 1.73 = 0.57

   □ = 0.57 + 1.73 = 2.3

9. [ ] − 1.57 = 1.76

10. [ ] − 9.86 = 3.86

11. [ ] − 3.206 = 1.944

12. [ ] − 2.59 = 2.644

13. [ ] − 0.983 = 2.467

14. [ ] − 1.37 = 1.832

응용 Up 소수의 덧셈과 뺄셈 종합③

빈 곳에 알맞은 수를 쓰세요.

1

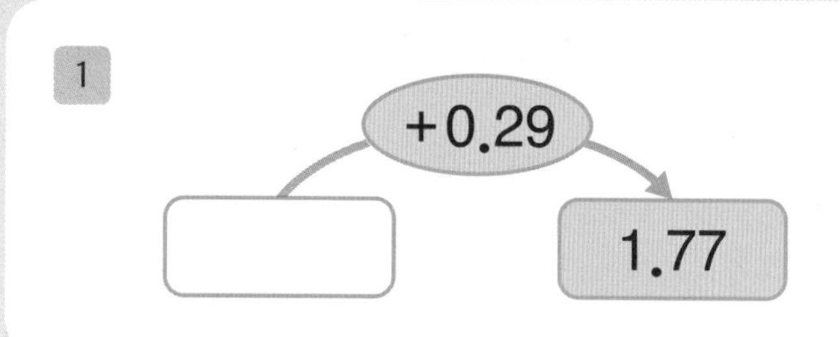

6

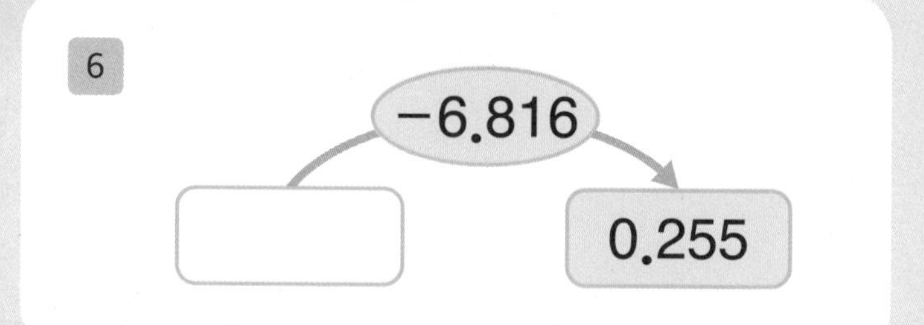

2

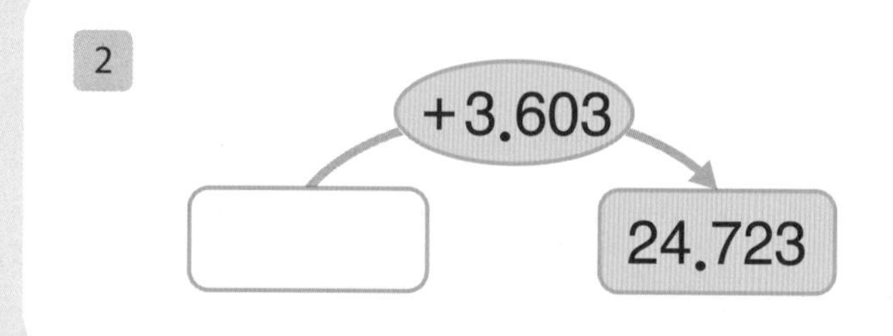

7

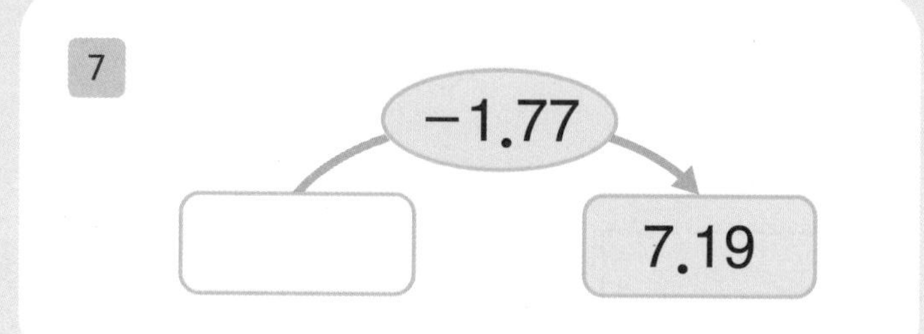

3

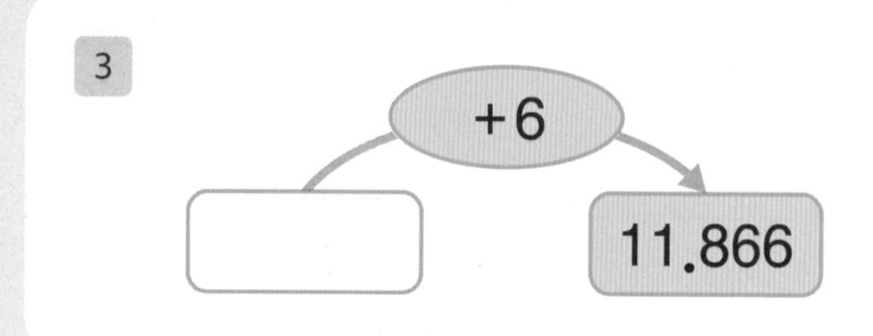

8

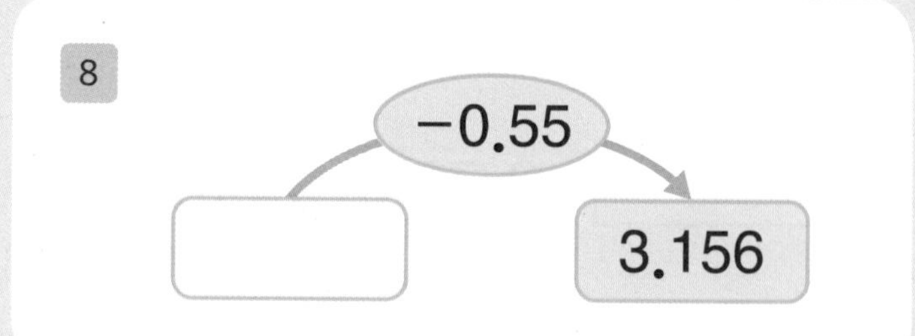

4

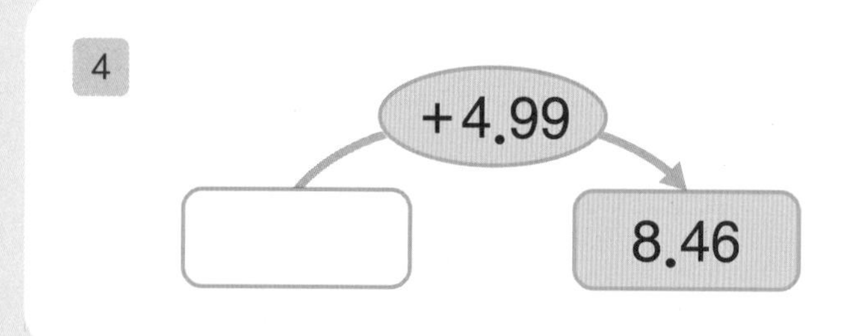

9

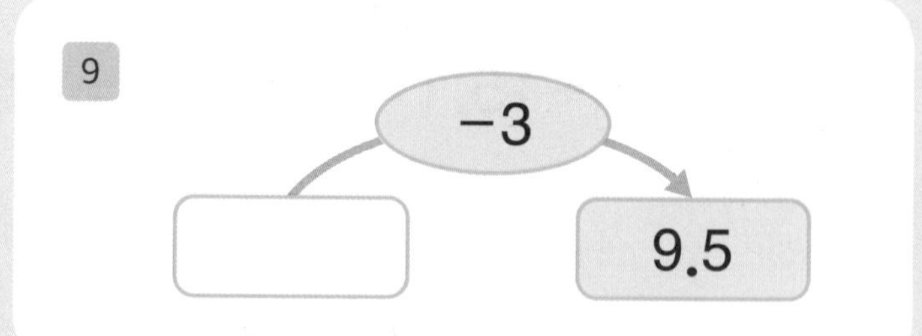

5

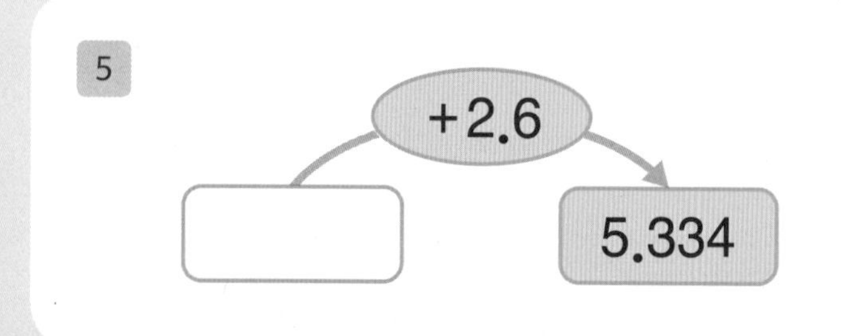

10

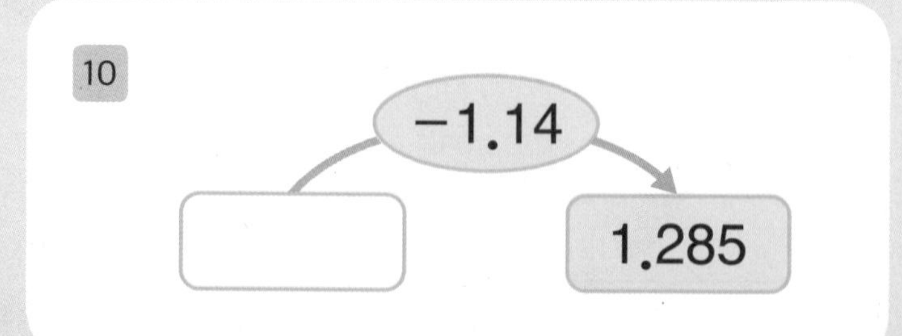

마무리 확인

연산 평가 up

1 계산하세요.

(1)

	2.	4	1	9
+	3.	5	5	4

(2)

	0.	6	2	
+	0.	8	5	2

(3)

		7.	6	4
+	1	5.	5	8

(4)

	2.	3	3	5
−	1.	0	6	5

(5)

	8.	8	2	4
−	5.	0	6	

(6)

	5			
−	4.	2	0	1

2 계산하세요.

(1) $0.82+2.35=$

(2) $9.09-5.56=$

(3) $0.726+0.5=$

(4) $2.565-2.4=$

(5) $2.1+8.136=$

(6) $7.13-4.222=$

3 □ 안에 알맞은 수를 쓰세요.

(1) $\square+3.228=4.185$

(2) $\square-30.64=20.4$

(3) $\square+8.37=25.37$

(4) $\square-0.367=2.552$

(5) $\square+2.222=3.172$

(6) $\square-2.57=2.535$

응용 평가 up 마무리 확인

4 두 도막으로 자른 나무 막대의 길이를 재어 보니 한 도막은 9.73 cm이고 다른 도막은 2.507 cm였습니다. 자르기 전 나무 막대의 길이는 몇 cm였을까요?

( )

5 100 m 달리기를 했습니다. 은선이의 기록은 17.89초, 태주의 기록은 18.075초입니다. 은선이는 태주보다 몇 초 더 빨리 달렸을까요?

( )

6 우진이와 지수가 설명하는 수의 합을 구하세요.

( )

7 주어진 소수 중 2개를 골라 합이 가장 큰 덧셈식을 만들고 계산하세요.

0.45 13.4 6.407 11.31 0.901

식 ____________________

( )

8 어떤 수에서 1.77을 빼야 할 것을 잘못하여 더했더니 8.6이 되었습니다. 바르게 계산하면 얼마일까요?

( )

04 삼각형

· 학습계열표 ·

이전에 배운 내용

4-1 각도
- 각도, 예각, 둔각
- 삼각형의 세 각의 크기의 합

▼

지금 배울 내용

4-2 삼각형
- 이등변삼각형, 정삼각형
- 예각삼각형, 직각삼각형, 둔각삼각형

▼

앞으로 배울 내용

4-2 사각형
- 수직과 평행
- 여러 가지 사각형

• 학습기록표 •

학습 일차	학습 내용	날짜	맞은 개수	
			연산	응용
DAY 34	**여러 가지 삼각형①** 이등변삼각형, 정삼각형	/	/8	/6
DAY 35	**여러 가지 삼각형②** 이등변삼각형, 정삼각형의 성질	/	/8	/4
DAY 36	**여러 가지 삼각형③** 이등변삼각형, 정삼각형의 성질	/	/8	/4
DAY 37	**여러 가지 삼각형④** 예각삼각형, 직각삼각형, 둔각삼각형	/	/12	/4
DAY 38	**마무리 확인**	/	/12	

책상에 붙여 놓고
매일매일 기록해요.

4. 삼각형

이등변삼각형

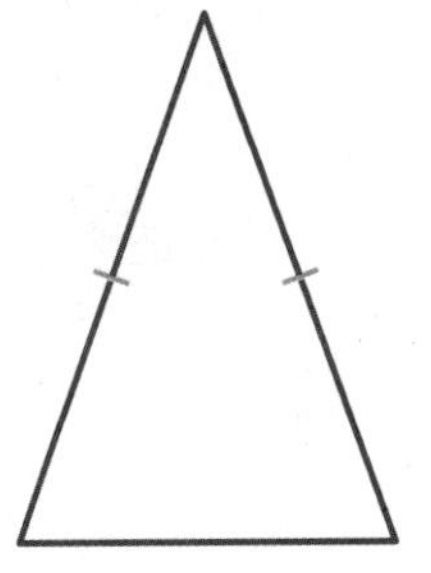

두 변의 길이가 같은 삼각형

▶ 이등변삼각형의 성질

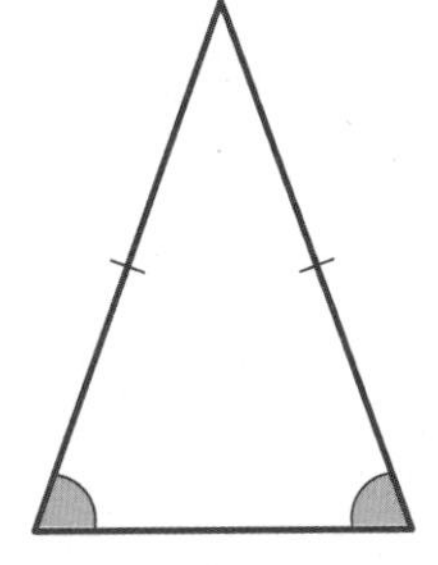

이등변삼각형은 길이가 같은 두 변과 함께 하는 두 각의 크기가 같습니다.

정삼각형

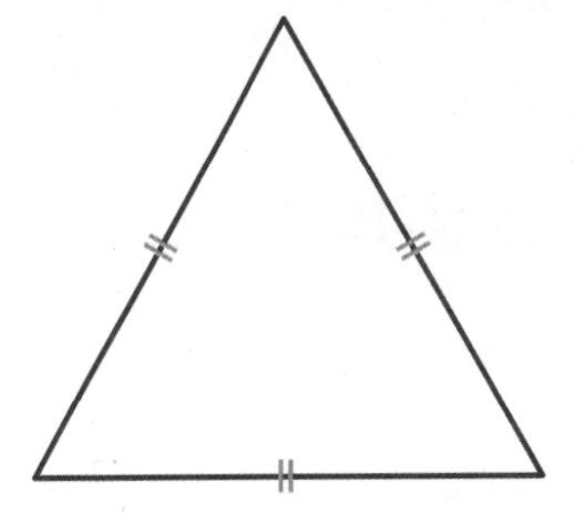

세 변의 길이가 같은 삼각형

▶ 정삼각형의 성질

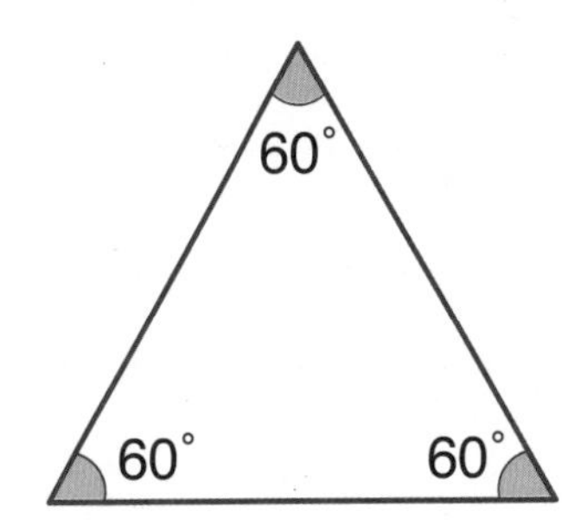

세 각의 크기가 모두 같습니다.

➡ (한 각의 크기) = 60°

삼각형

이등변삼각형

정삼각형

정삼각형은 이등변삼각형이라고 할 수 있어.

이등변삼각형은 정삼각형이라고 할 수 없어.

이등변삼각형

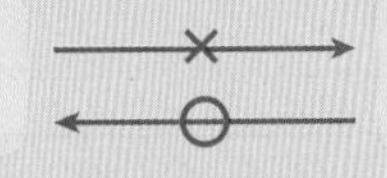

정삼각형

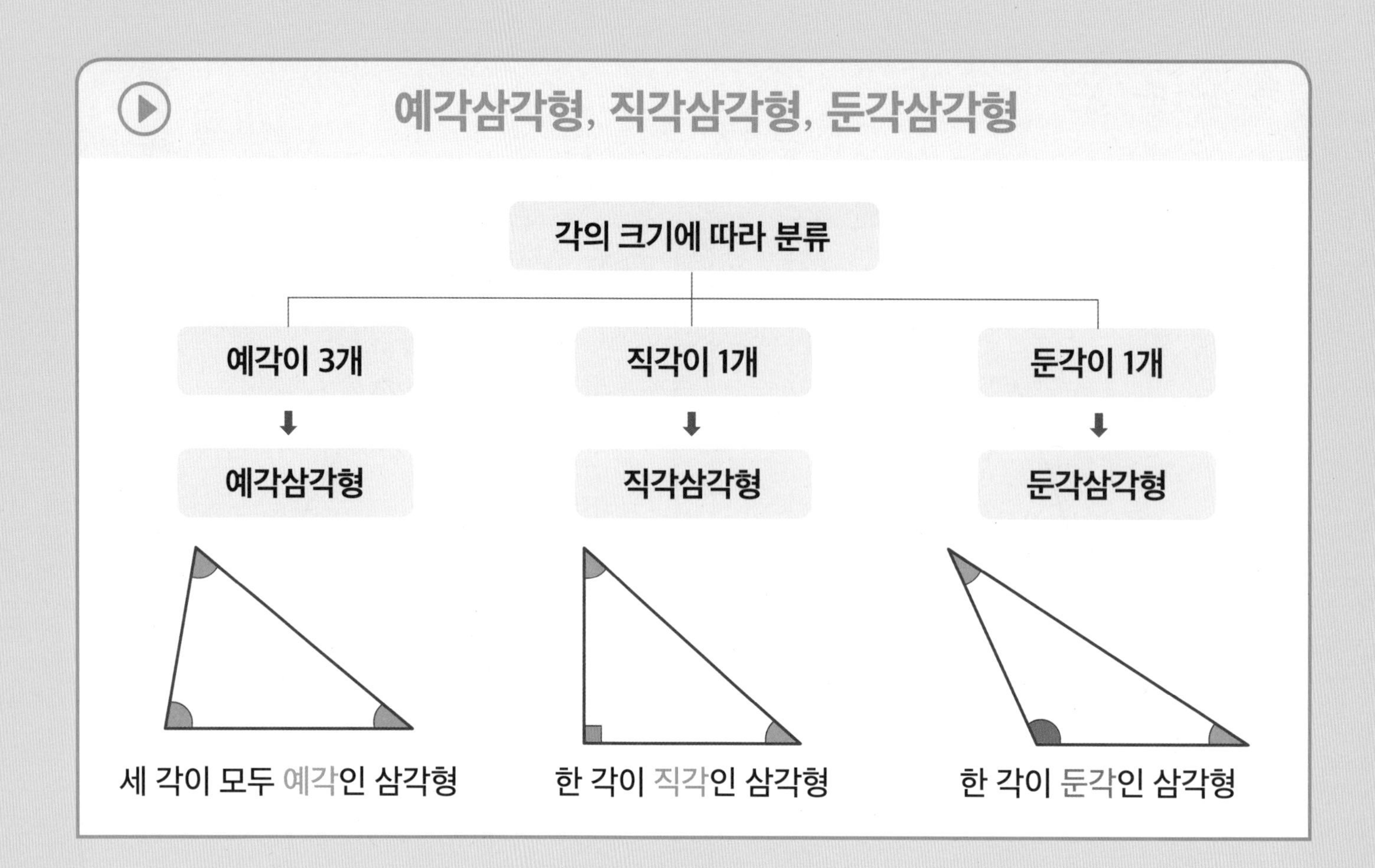

삼각형 분류하기

삼각형은 세 변과 세 각으로 이루어진 도형으로
삼각형을 변의 길이와 각의 크기에 따라 분류할 수 있습니다.

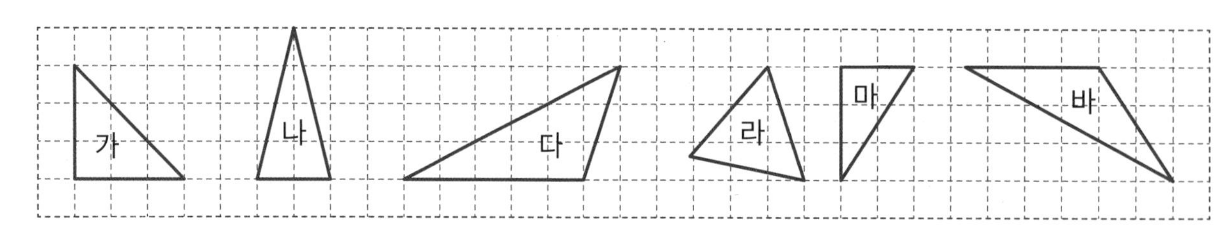

	예각삼각형	직각삼각형	둔각삼각형
이등변삼각형	나	가	바
정삼각형	라	-	-
세 변의 길이가 모두 다른 삼각형	-	마	다

여러 가지 삼각형 ① 이등변삼각형, 정삼각형

이등변삼각형입니다. □ 안에 알맞은 수를 쓰세요.

1
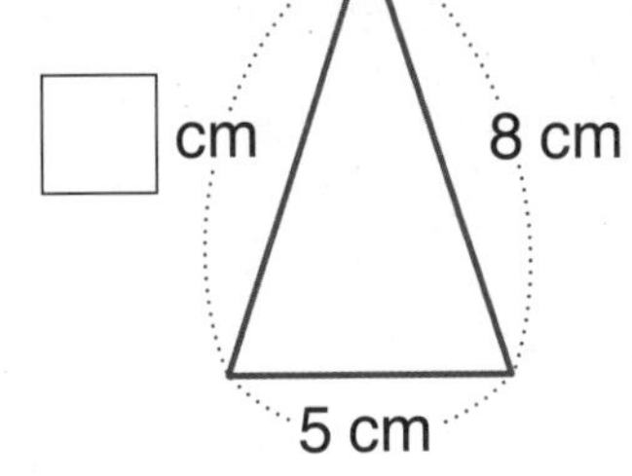

2
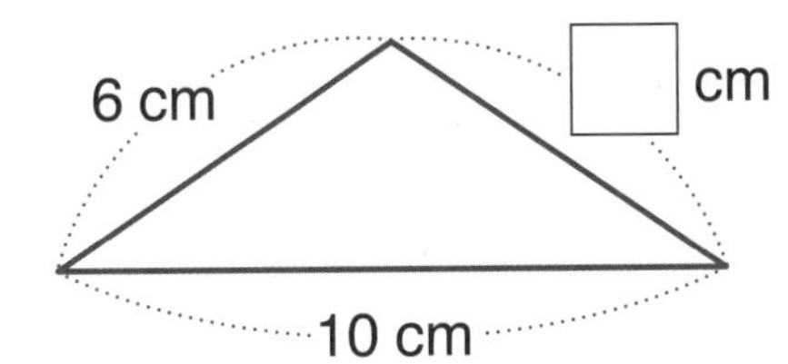

3
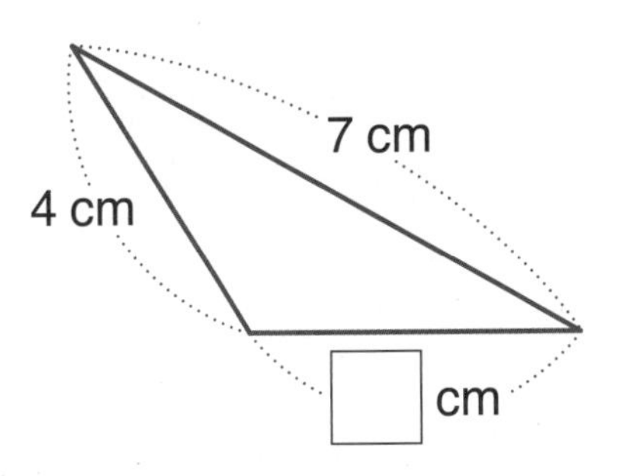

4
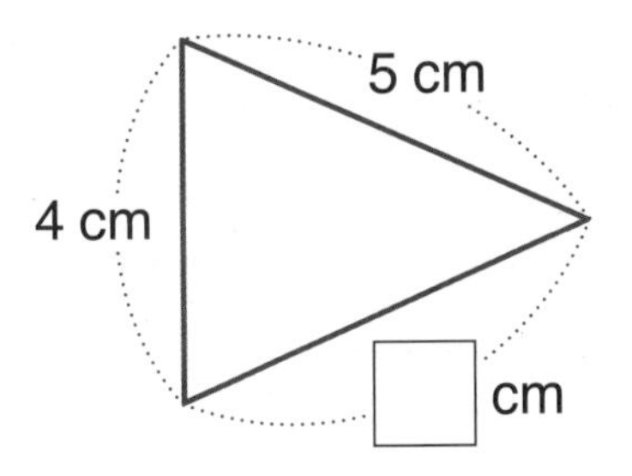

정삼각형입니다. □ 안에 알맞은 수를 쓰세요.

5
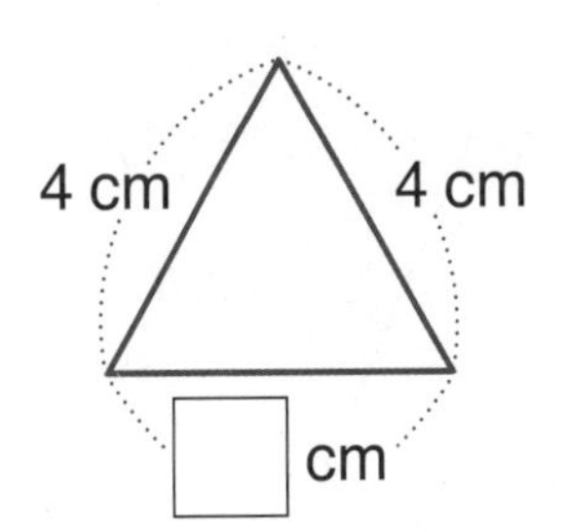

6
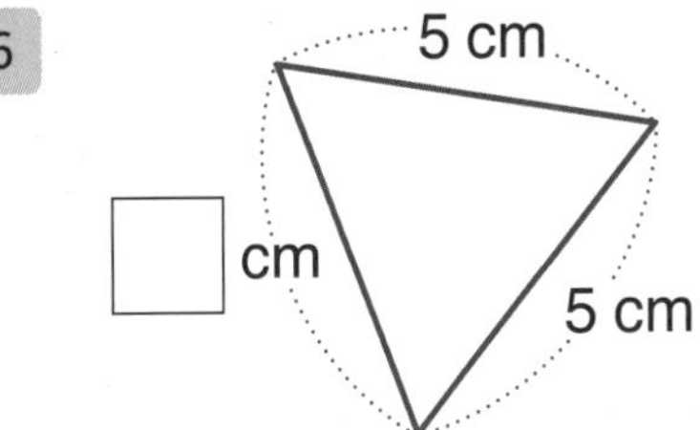

7
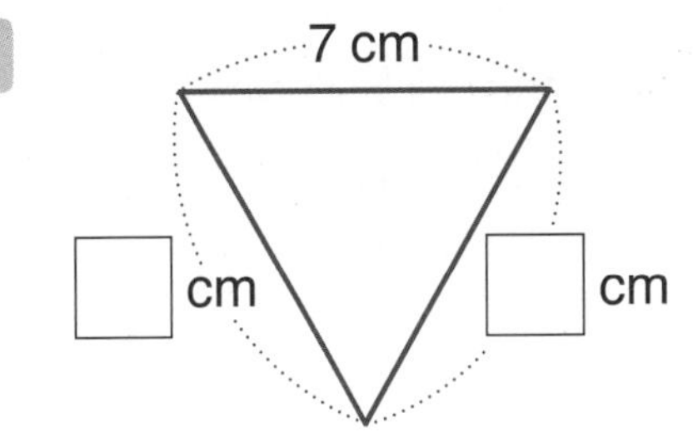

8
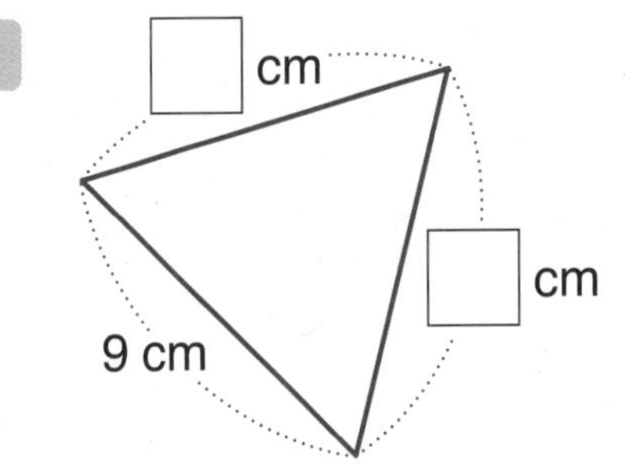

응용 UP 여러 가지 삼각형 ①

삼각형의 세 변의 길이의 합이 다음과 같을 때 □ 안에 알맞은 수를 쓰세요.

1

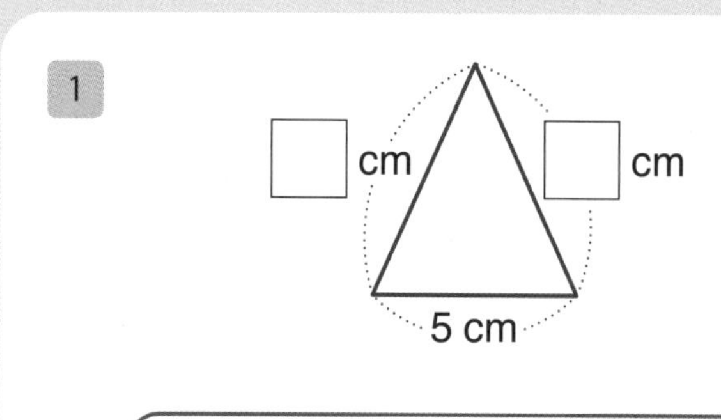

이등변삼각형의 세 변의 길이의 합
17 cm

2

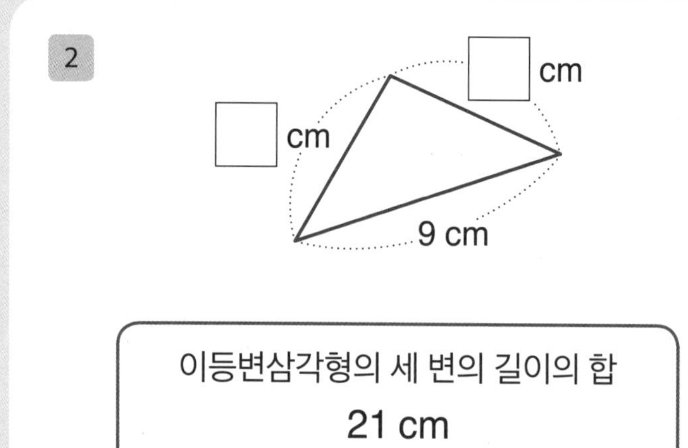

이등변삼각형의 세 변의 길이의 합
21 cm

3

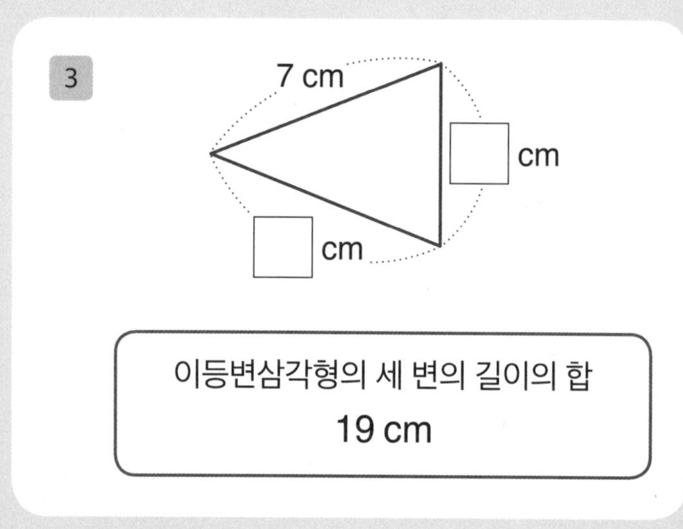

이등변삼각형의 세 변의 길이의 합
19 cm

4

정삼각형의 세 변의 길이의 합
18 cm

5

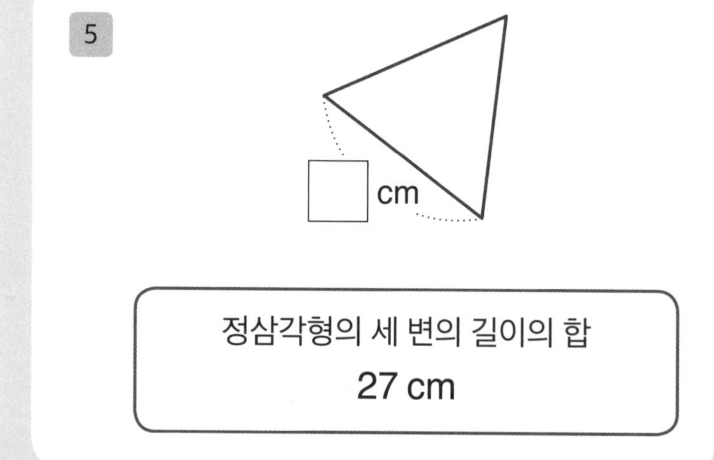

정삼각형의 세 변의 길이의 합
27 cm

6

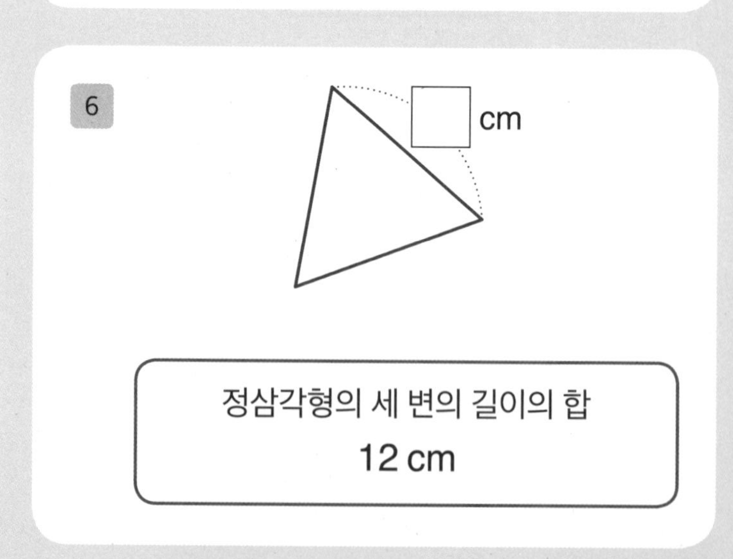

정삼각형의 세 변의 길이의 합
12 cm

여러 가지 삼각형② 이등변삼각형, 정삼각형의 성질

이등변삼각형입니다. □ 안에 알맞은 수를 쓰세요.

1

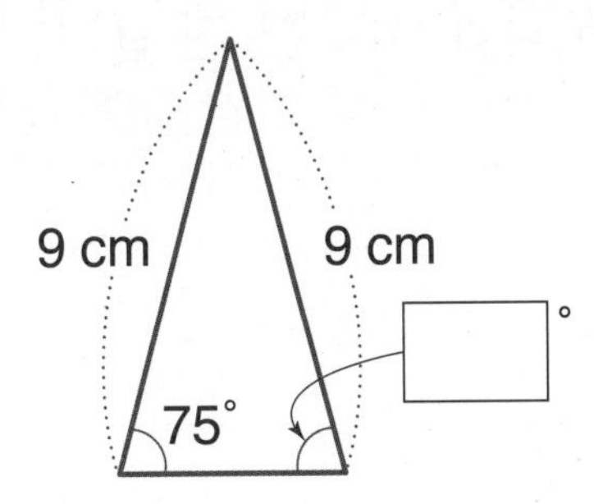

2

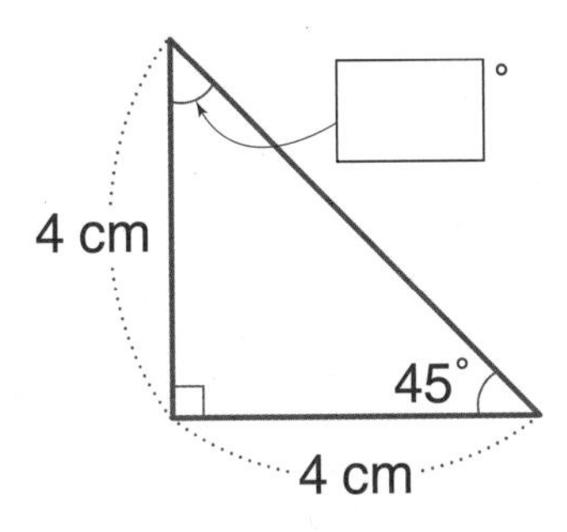

3

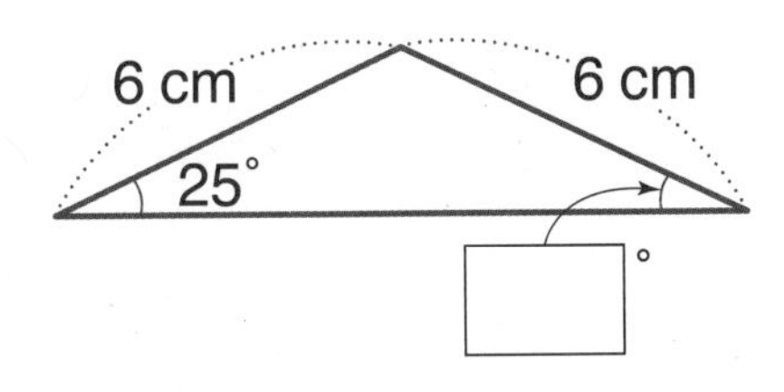

4

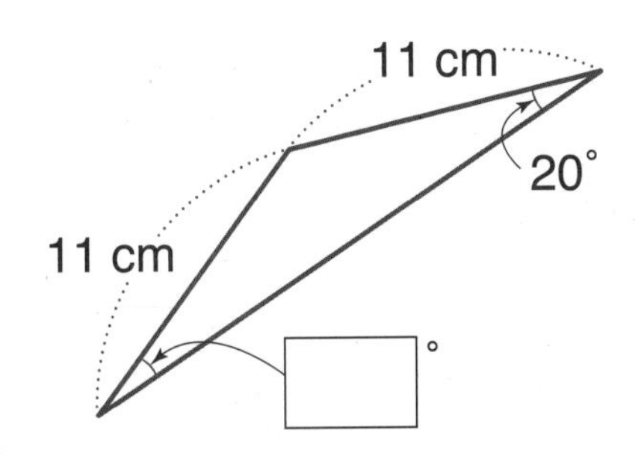

정삼각형입니다. □ 안에 알맞은 수를 쓰세요.

5

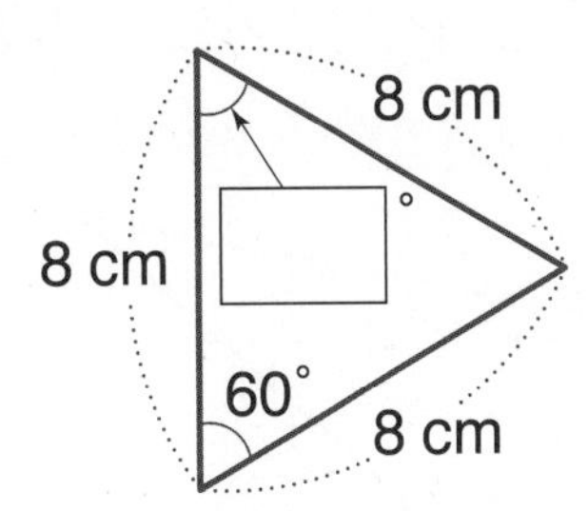

6

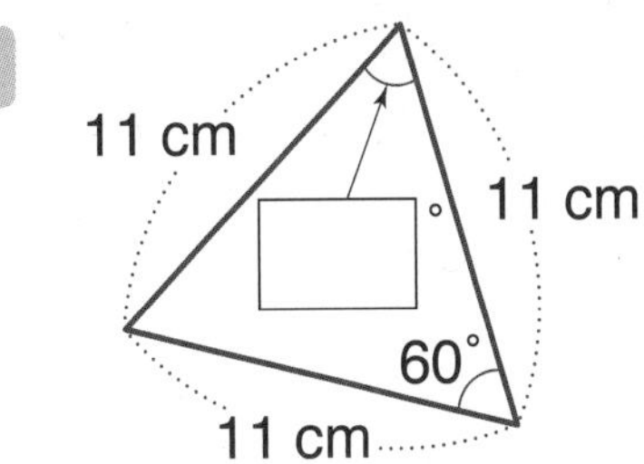

7

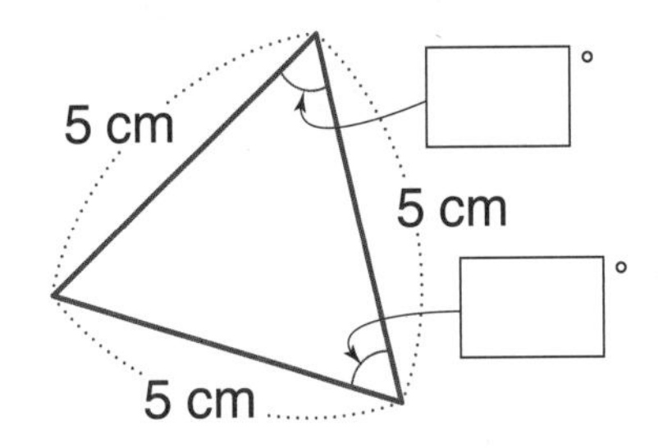

8

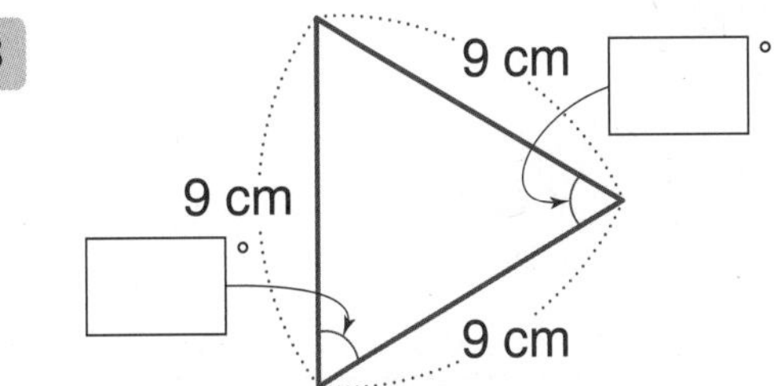

응용 UP 여러 가지 삼각형②

1 다음 도형은 이등변삼각형인가요? 그렇게 생각한 이유를 쓰세요.

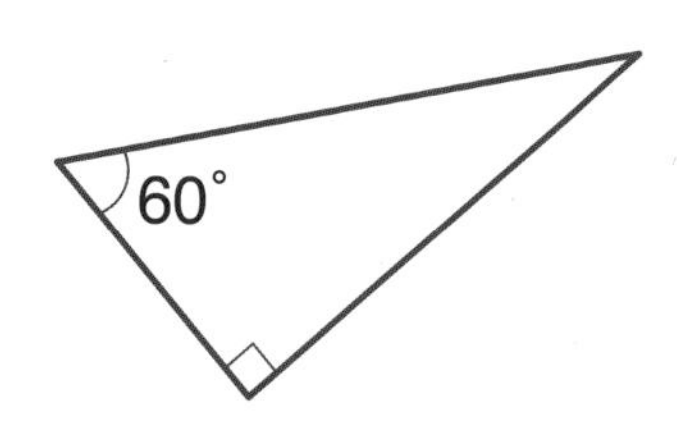

답 이등변삼각형이 아닙니다.

이유

2 다음 도형은 이등변삼각형인가요? 그렇게 생각한 이유를 쓰세요.

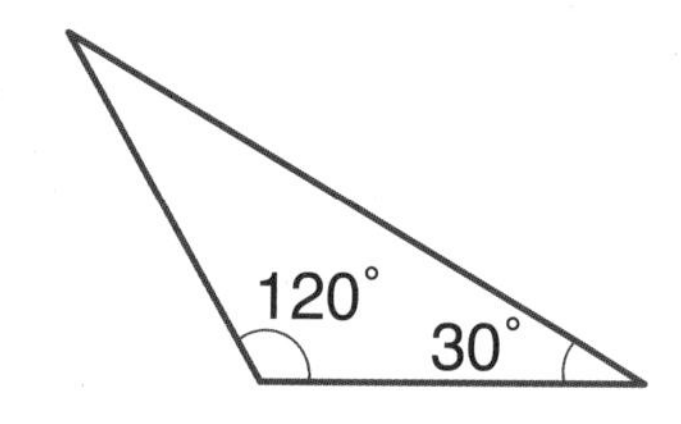

답

이유

3 다음 도형은 정삼각형인가요? 그렇게 생각한 이유를 쓰세요.

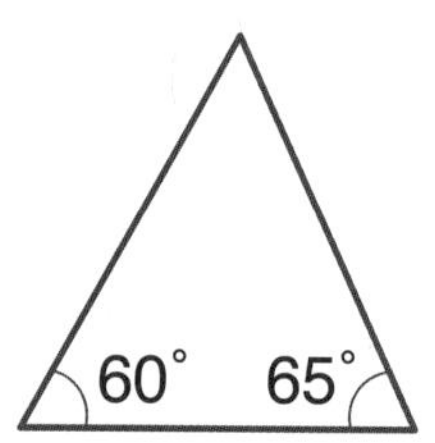

답

이유

4 다음 도형은 정삼각형인가요? 그렇게 생각한 이유를 쓰세요.

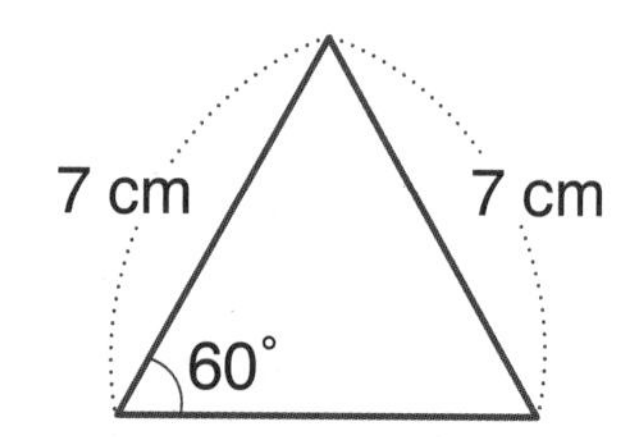

답

이유

DAY 36

여러 가지 삼각형③ 이등변삼각형, 정삼각형의 성질

연산 up

이등변삼각형입니다. □ 안에 알맞은 수를 쓰세요.

1

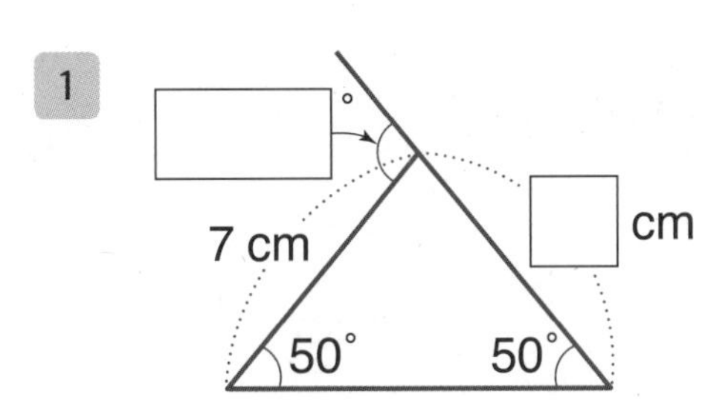

2

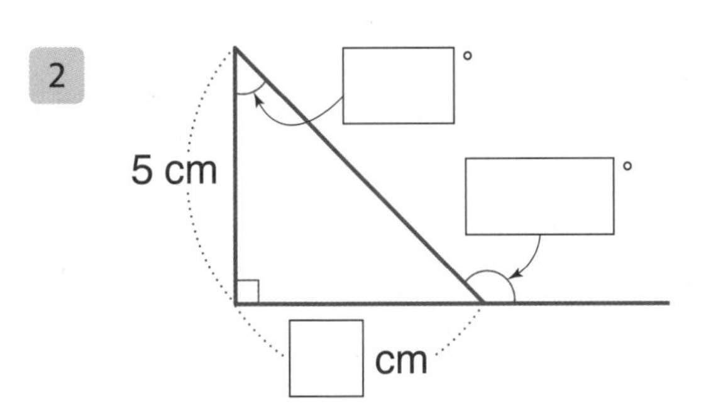

3

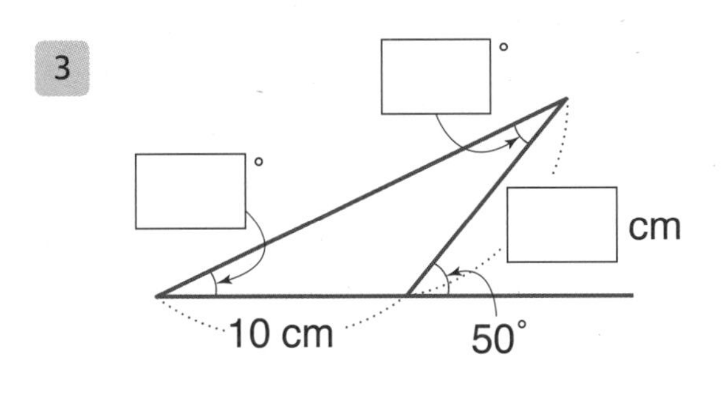

4

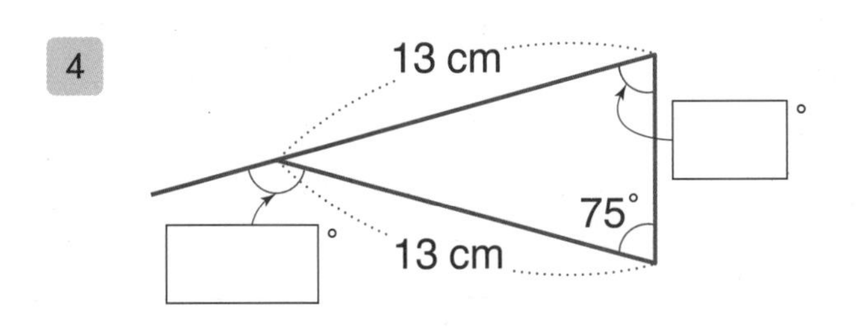

정삼각형입니다. □ 안에 알맞은 수를 쓰세요.

5

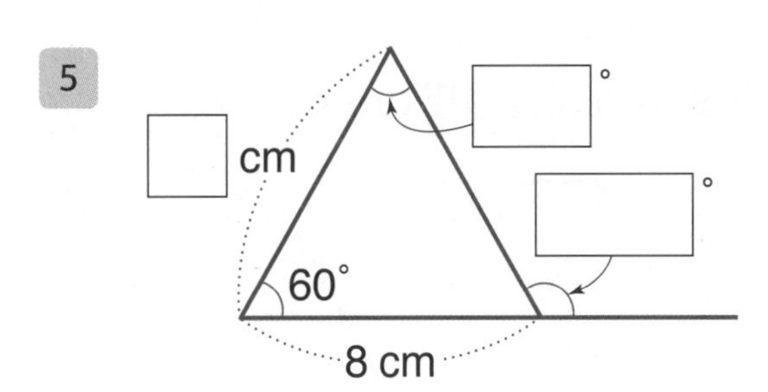

6

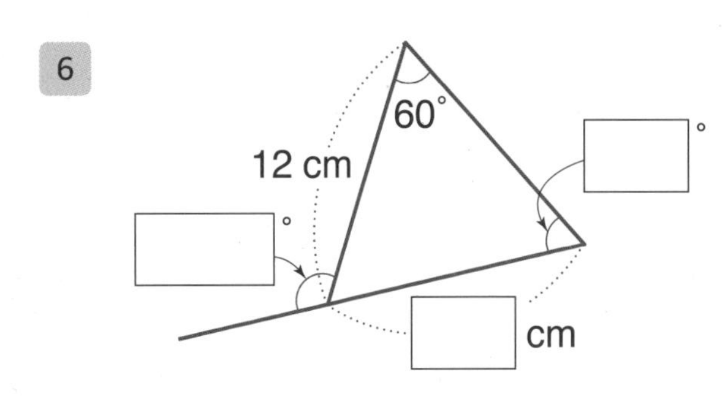

7

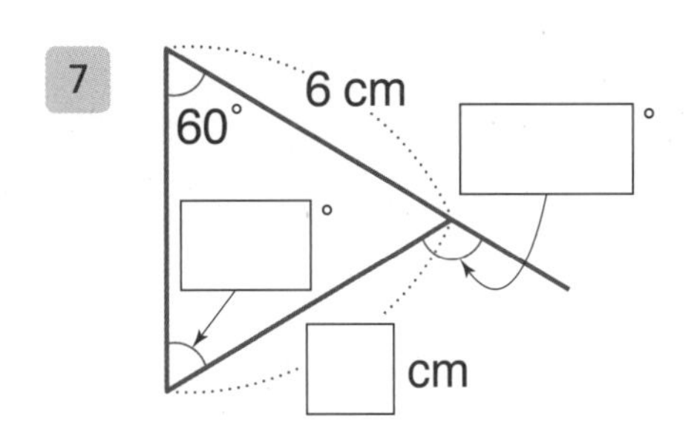

8

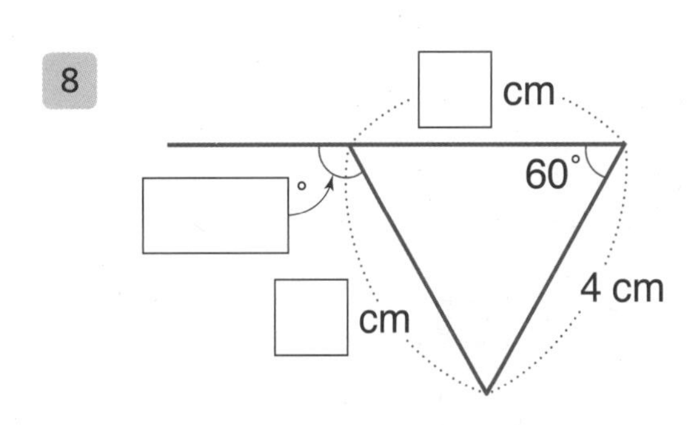

여러 가지 삼각형③

1 삼각형 ㄱㄴㄷ은 정삼각형입니다. 삼각형의 세 변의 길이의 합은 몇 cm일까요?

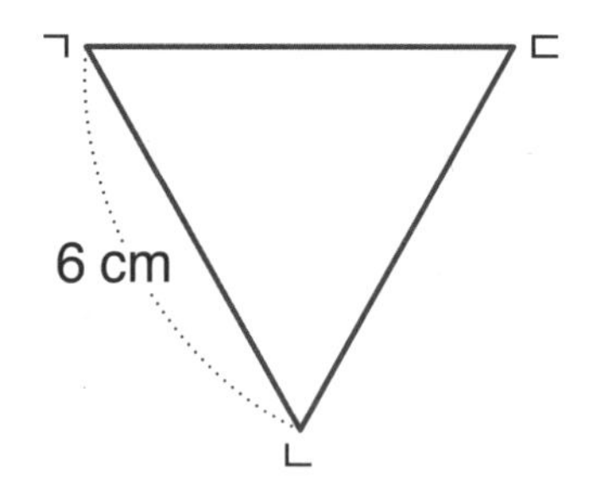

답 ______________

2 삼각형 ㄱㄴㄷ은 이등변삼각형입니다. 삼각형의 세 변의 길이의 합은 몇 cm일까요?

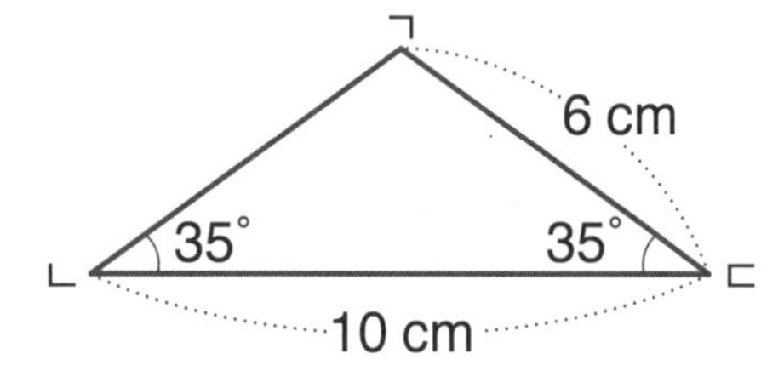

답 ______________

3 삼각형 ㄱㄴㄷ은 이등변삼각형입니다. ㉠의 각도를 구하세요.

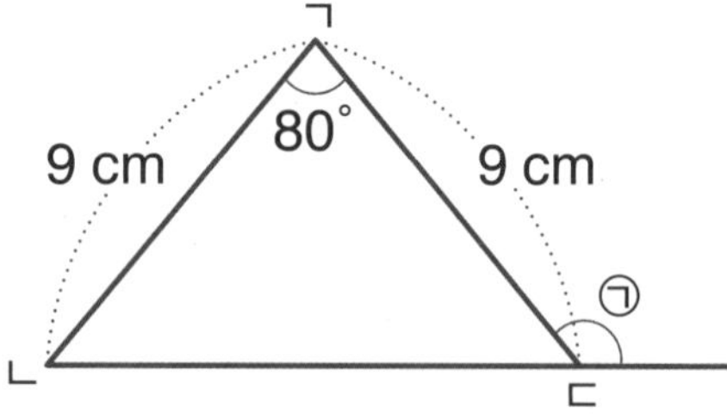

답 ______________

4 삼각형 ㄱㄴㄷ은 정삼각형입니다. ㉠의 각도를 구하세요.

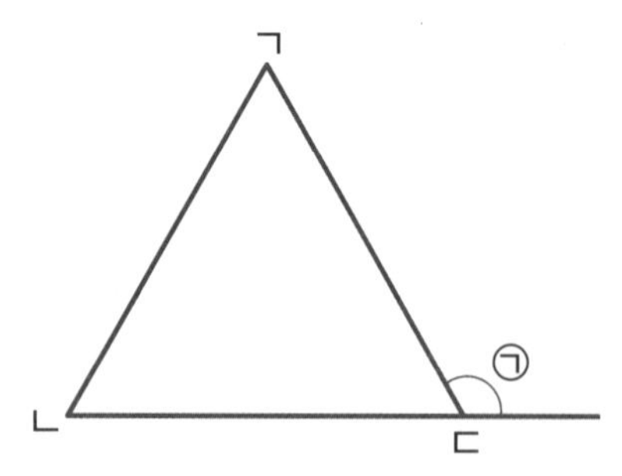

답 ______________

여러 가지 삼각형④ 예각삼각형, 직각삼각형, 둔각삼각형

연산 

삼각형의 세 각 중 두 각만 나타낸 것입니다. 예각삼각형, 직각삼각형, 둔각삼각형 중 어느 것인지 쓰세요.

1 45°, 80°

➡ 예각삼각형

(나머지 한 각의 크기)=180°-45°-80°
=55°

2 90°, 75°

➡

3 92°, 50°

➡

4 26°, 90°

➡

5 70°, 88°

➡

6 60°, 60°

➡

7 65°, 55°

➡

8 25°, 38°

➡

9 105°, 26°

➡

10 120°, 37°

➡

11 68°, 22°

➡

12 72°, 45°

➡

여러 가지 삼각형 ④

1 직사각형 모양의 종이를 점선을 따라 오려서 여러 개의 삼각형을 만들었습니다. 둔각삼각형은 몇 개일까요?

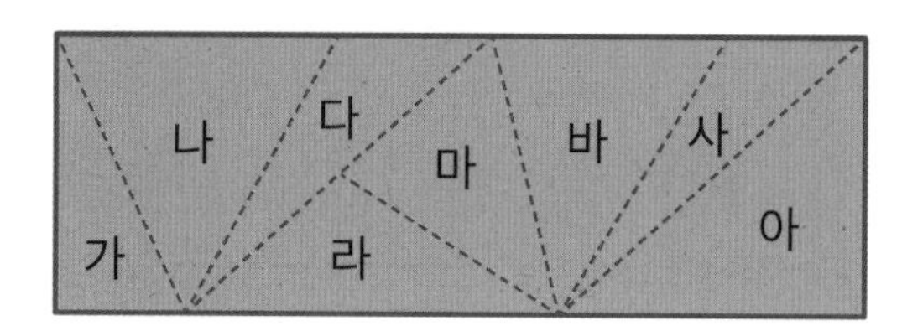

예각삼각형: 나, 마, 바 → 3개
직각삼각형:
둔각삼각형:

답 ____________

3 그림에서 찾을 수 있는 크고 작은 예각삼각형은 모두 몇 개일까요?

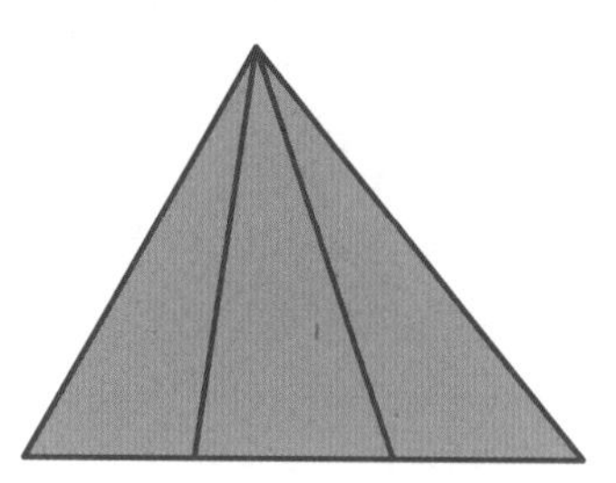

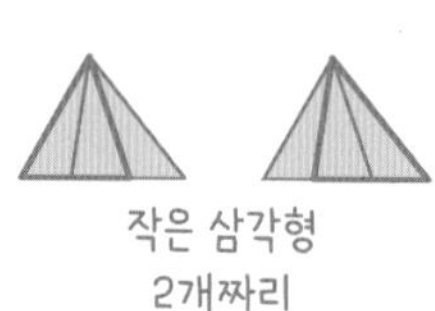

작은 삼각형 1개짜리　작은 삼각형 2개짜리　작은 삼각형 3개짜리

답 ____________

2 직사각형 모양의 종이를 점선을 따라 오려서 여러 개의 삼각형을 만들었습니다. 예각삼각형은 몇 개일까요?

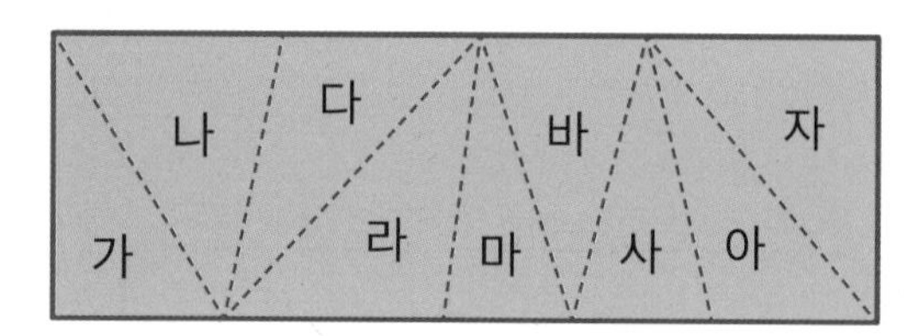

답 ____________

4 그림에서 찾을 수 있는 크고 작은 둔각삼각형은 모두 몇 개일까요?

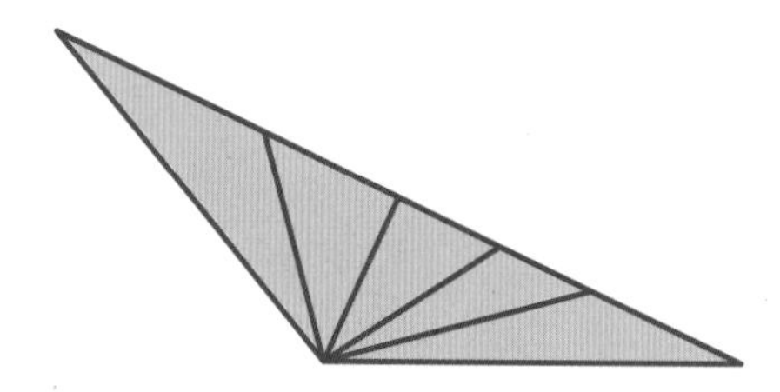

답 ____________

마무리 확인

1 삼각형을 보고 물음에 답하세요.

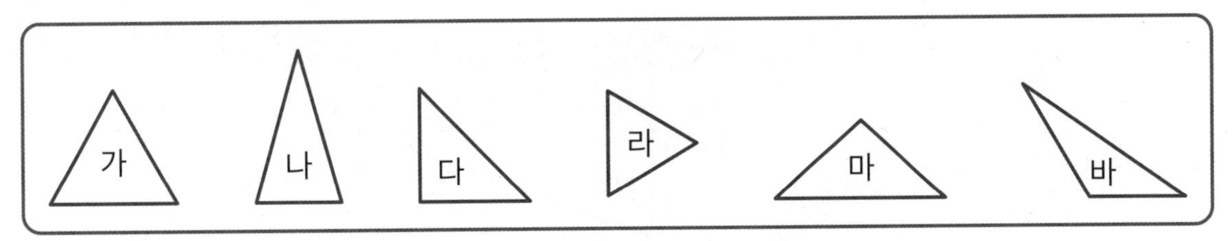

(1) 이등변삼각형을 모두 찾으세요.

( )

(2) 정삼각형을 모두 찾으세요.

( )

(3) 예각삼각형을 모두 찾으세요.

( )

(4) 둔각삼각형을 모두 찾으세요.

( )

2 이등변삼각형입니다. □ 안에 알맞은 수를 쓰세요.

(1)

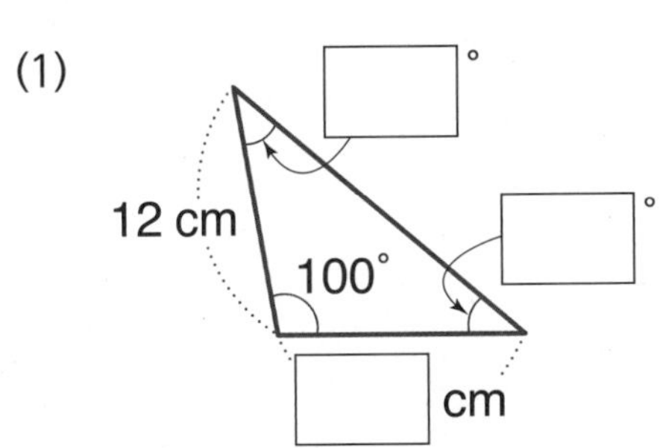

(2)

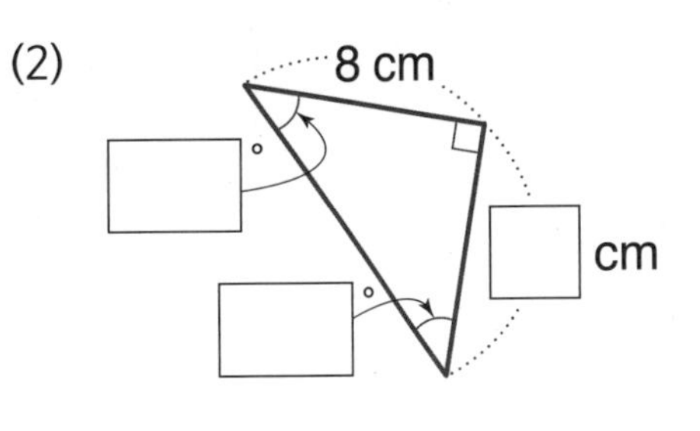

3 정삼각형입니다. □ 안에 알맞은 수를 쓰세요.

(1)

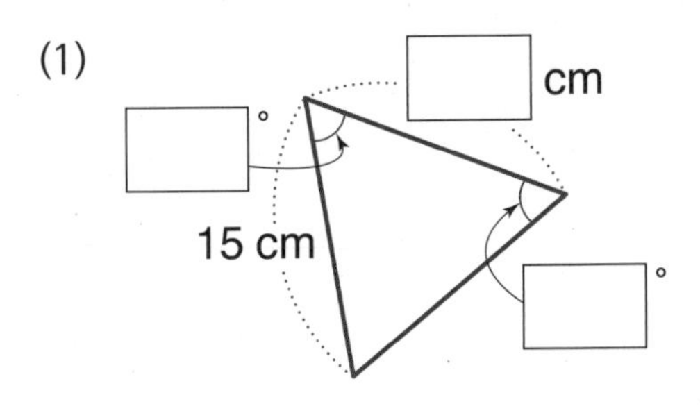

(2)

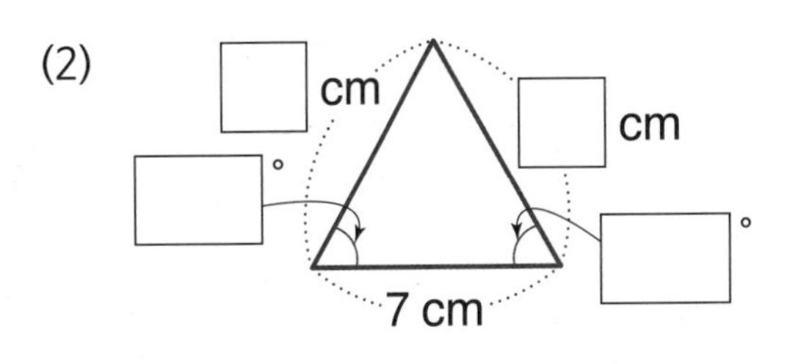

4 삼각형 ㄱㄴㄷ은 이등변삼각형입니다. 세 변의 길이의 합은 몇 cm일까요?

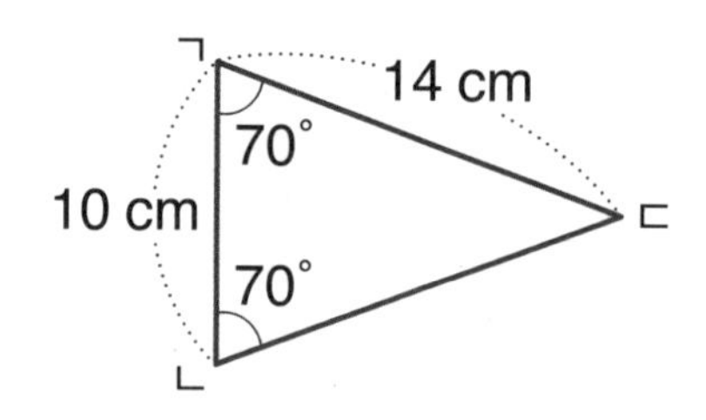

( )

5 길이가 24 cm인 끈을 사용하여 만들 수 있는 가장 큰 정삼각형의 한 변의 길이는 몇 cm일까요?

( )

6 두 각의 크기가 다음과 같은 삼각형이 있습니다. 예각삼각형, 직각삼각형, 둔각삼각형 중 어떤 삼각형일까요?

70°, 30°

( )

7 크기가 같은 정삼각형을 겹치지 않게 이어 붙여 만든 도형입니다. 도형에서 찾을 수 있는 크고 작은 정삼각형은 모두 몇 개일까요?

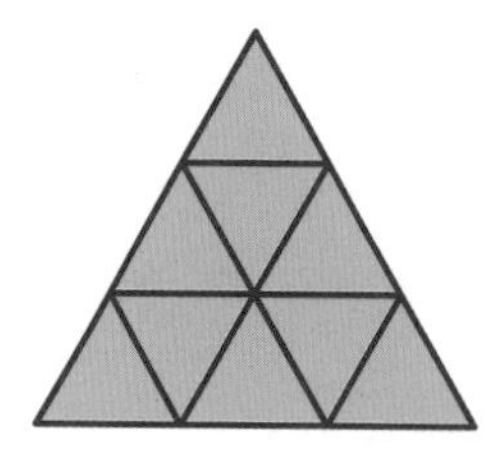

( )

05 사각형

· 학습계열표 ·

이전에 배운 내용

4-2 삼각형
- 이등변삼각형, 정삼각형
- 예각삼각형, 직각삼각형, 둔각삼각형

▼

지금 배울 내용

4-2 사각형
- 수직과 평행
- 여러 가지 사각형

▼

앞으로 배울 내용

4-2 다각형
- 다각형, 정다각형
- 대각선

• 학습기록표 •

학습 일차	학습 내용	날짜	맞은 개수	
			연산	응용
DAY 39	**수직과 평행**	/	/8	/4
DAY 40	**여러 가지 사각형①** 사각형의 성질	/	/6	/4
DAY 41	**여러 가지 사각형②** 평행사변형	/	/8	/4
DAY 42	**여러 가지 사각형③** 마름모	/	/8	/4
DAY 43	**여러 가지 사각형④** 평행사변형과 마름모	/	/8	/3
DAY 44	**여러 가지 사각형⑤** 사각형의 포함 관계	/	/9	/4
DAY 45	**마무리 확인**	/	/11	

책상에 붙여 놓고
매일매일 기록해요.

5. 사각형

수직과 수선

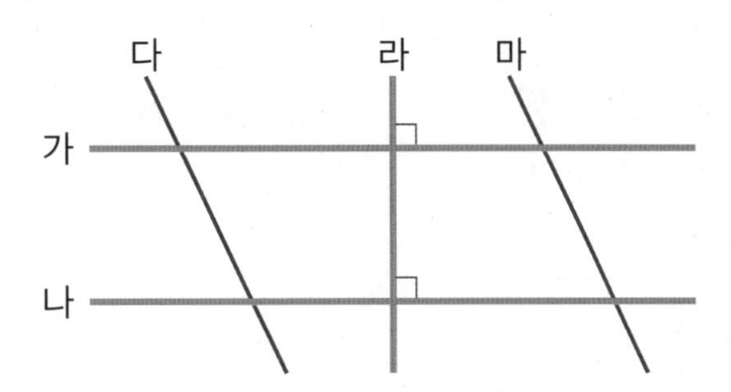

두 직선이 만나서 이루는 각이 직각일 때, 두 직선은 서로 수직이라고 합니다.

→ 직선 가와 직선 라는 서로 수직이고 직선 나와 직선 라는 서로 수직입니다.

두 직선이 서로 수직으로 만나면 한 직선을 다른 직선에 대한 수선이라고 합니다.

→ 직선 라에 대한 수선은 직선 가와 직선 나입니다.

평행과 평행선

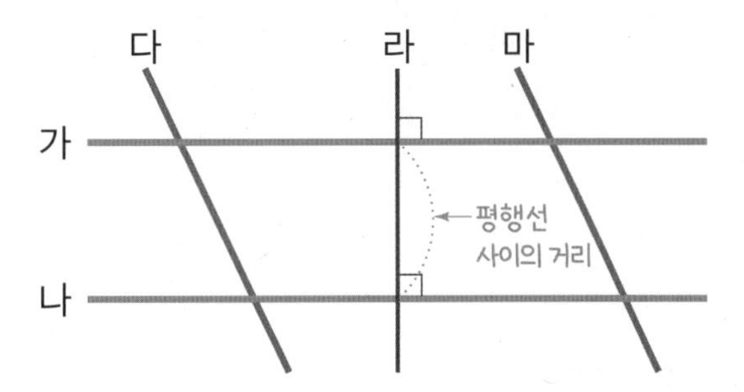

아무리 늘여도 서로 만나지 않는 두 직선을 서로 평행하다고 합니다.

평행한 두 직선을 평행선이라고 합니다.

→ 직선 가와 직선 나는 서로 평행하고 직선 다와 직선 마는 서로 평행합니다.

평행선 사이의 수선의 길이를 평행선 사이의 거리라고 합니다.

→ 평행선 사이의 선분 중에서 수선의 길이가 가장 짧고, 그 수선의 길이는 모두 같습니다.

사각형

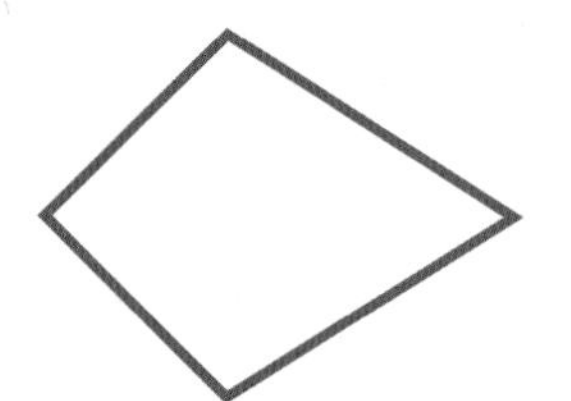

약속 곧은 선 4개로 둘러싸인 평면도형

성질 네 각의 크기의 합은 360°입니다.

사다리꼴

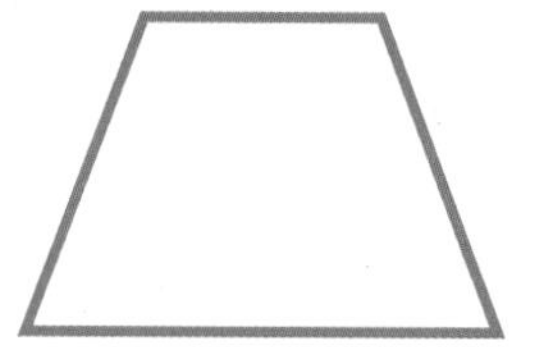

약속 평행한 변이 한 쌍이라도 있는 사각형

평행사변형

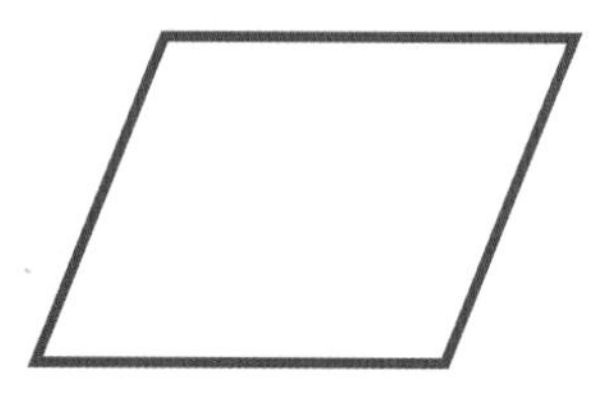

약속 마주 보는 두 쌍의 변이 서로 평행한 사각형

성질 마주 보는 두 변의 길이가 같습니다.
마주 보는 두 각의 크기가 같습니다.

마름모

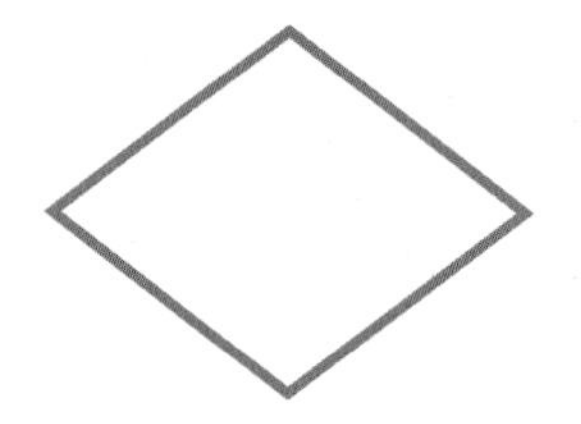

약속 네 변의 길이가 모두 같은 사각형

성질 마주 보는 두 변이 서로 평행합니다.
마주 보는 두 각의 크기가 같습니다.

여러 가지 사각형

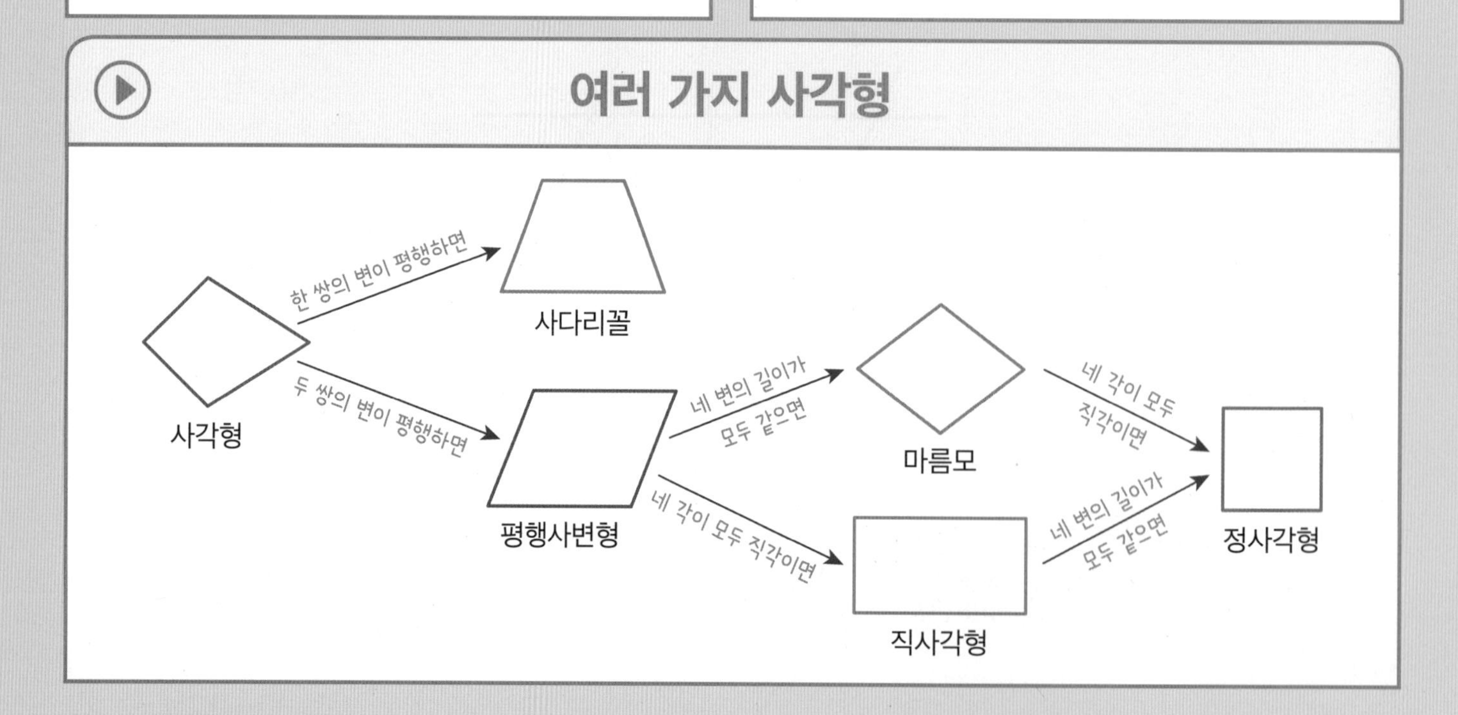

수직과 평행

변 ㄱㄴ에 수직인 변을 모두 쓰세요.

1

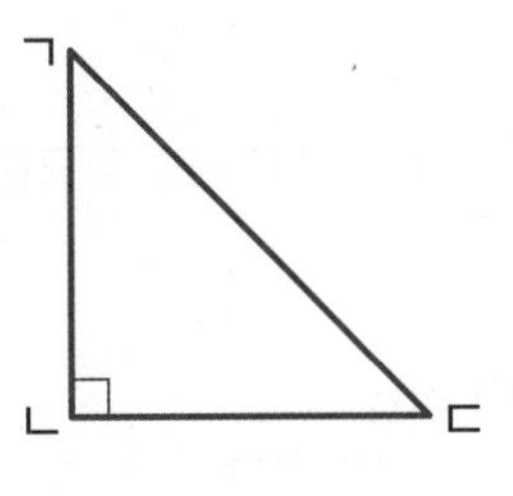

➡ ____________________

2

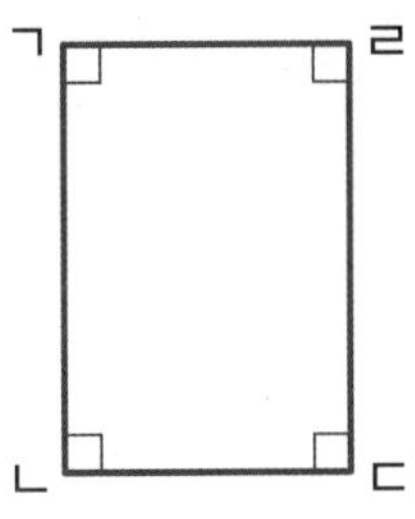

➡ ____________________

3

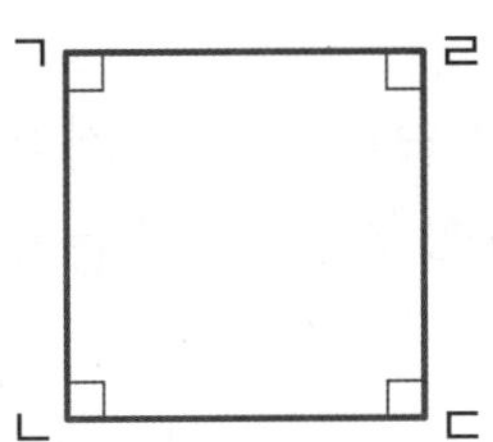

➡ ____________________

4

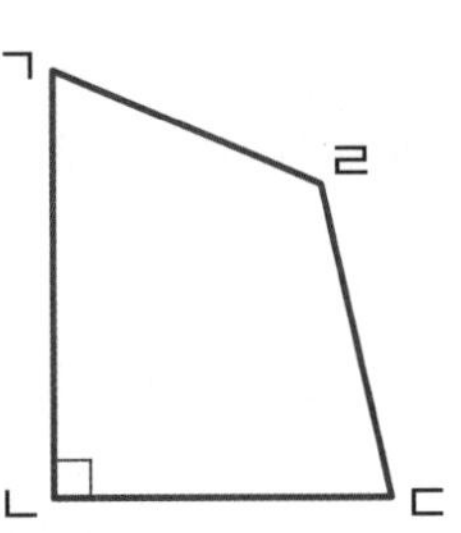

➡ ____________________

변 ㄱㄴ과 평행한 변을 모두 쓰세요.

5

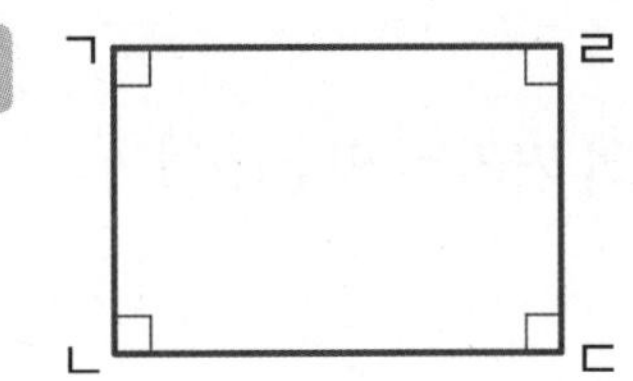

➡ ____________________

6

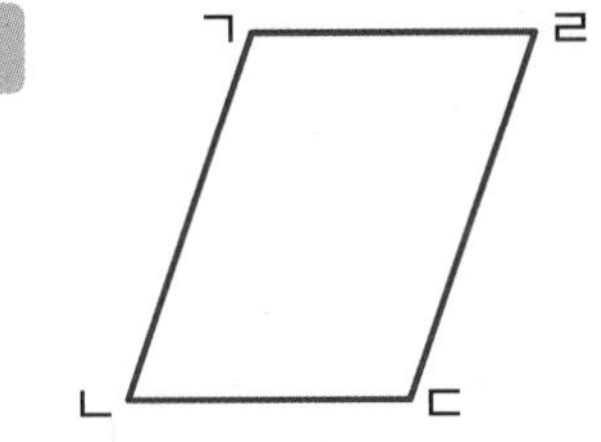

➡ ____________________

7

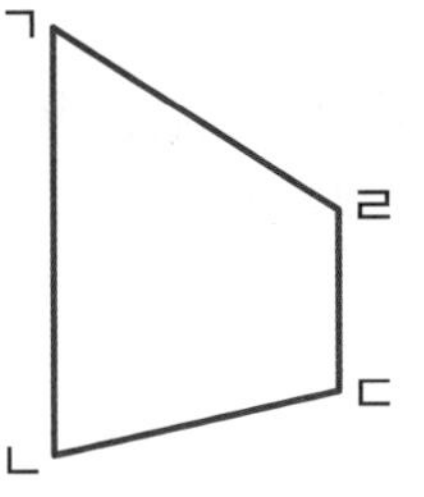

➡ ____________________

8

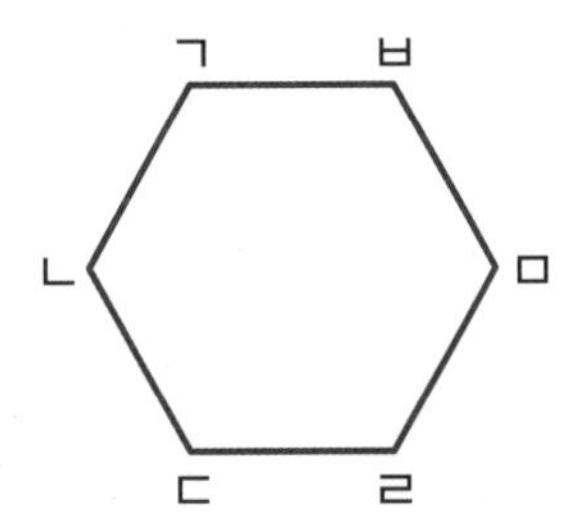

➡ ____________________

| 평행선 사이의 거리 구하기 |

1 도형에서 평행선 사이의 거리는 몇 cm일까요?

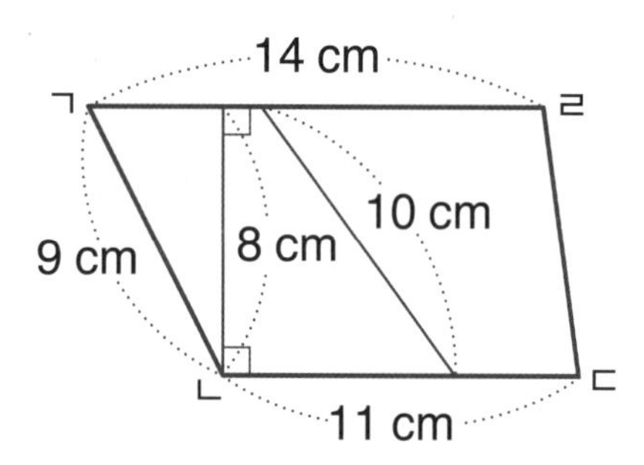

서로 평행한 변 먼저 찾기!

2 도형에서 평행선 사이의 거리는 몇 cm일까요?

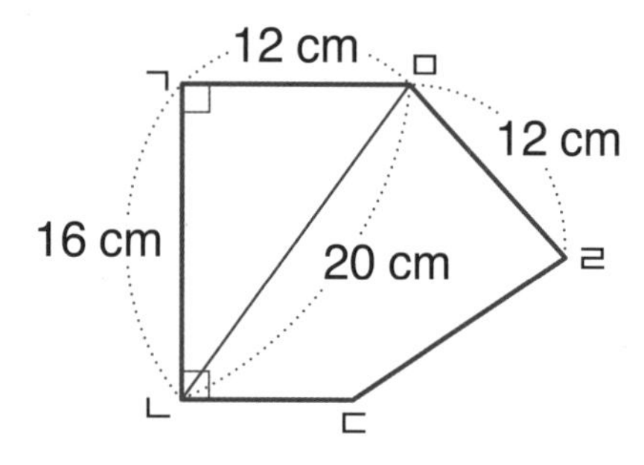

답

3 도형에서 변 ㄱㅇ과 변 ㄹㅁ 사이의 거리는 몇 cm일까요?

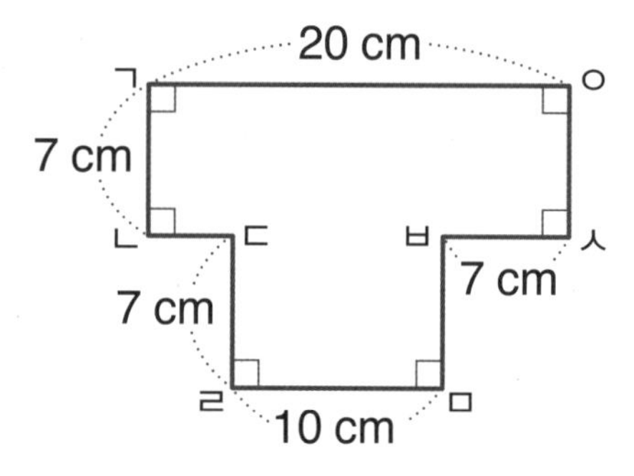

(변 ㄱㅇ과 변 ㄹㅁ 사이의 거리)
=(변 ㄱㄴ)+(변 ㄷㄹ)

4 도형에서 변 ㄱㅂ과 변 ㄹㅁ 사이의 거리는 8 cm입니다. 변 ㄷㄹ의 길이는 몇 cm일까요?

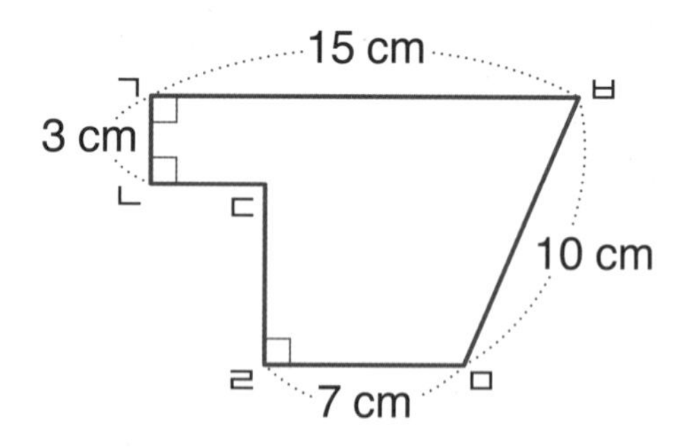

답

여러 가지 사각형 ① 사각형의 성질

여러 가지 사각형입니다. 빈 곳에 알맞은 수나 말을 쓰세요.

도형	이름	성질
1	사각형	▪ 곧은 선 ___개로 둘러싸인 평면도형 ▪ 네 각의 크기의 합은 ______°입니다.
2		▪ 평행한 변이 ___ 쌍이라도 있는 사각형
3		▪ 마주 보는 ___ 쌍의 변이 서로 평행한 사각형 ▪ 마주 보는 두 변의 길이가 같습니다. ▪ 마주 보는 두 각의 크기가 ____________.
4	마름모	▪ 네 ___의 길이가 모두 같은 사각형 ▪ 마주 보는 두 쌍의 변이 서로 평행합니다. ▪ 마주 보는 두 각의 크기가 ____________.
5		▪ 네 각이 모두 ______인 사각형 ▪ 마주 보는 두 변의 길이가 같습니다.
6	정사각형	▪ 네 각이 모두 직각이고 네 ___의 길이가 모두 같은 사각형

1 다음 도형은 마름모인가요? 그렇게 생각한 이유를 쓰세요.

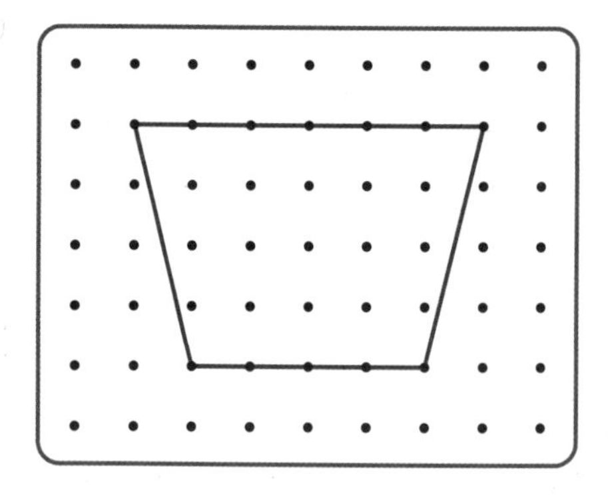

답

이유

2 다음 도형은 평행사변형인가요? 그렇게 생각한 이유를 쓰세요.

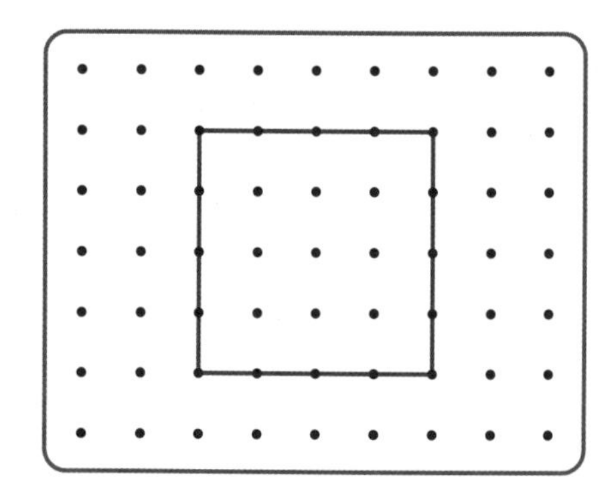

답

이유

3 다음 도형은 직사각형인가요? 그렇게 생각한 이유를 쓰세요.

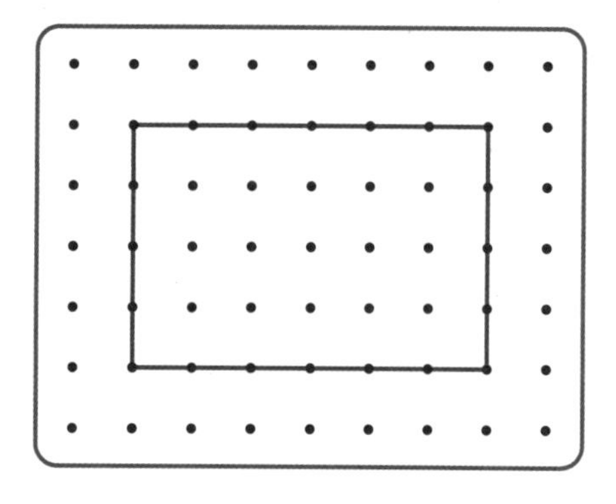

답

이유

4 다음 도형은 정사각형인가요? 그렇게 생각한 이유를 쓰세요.

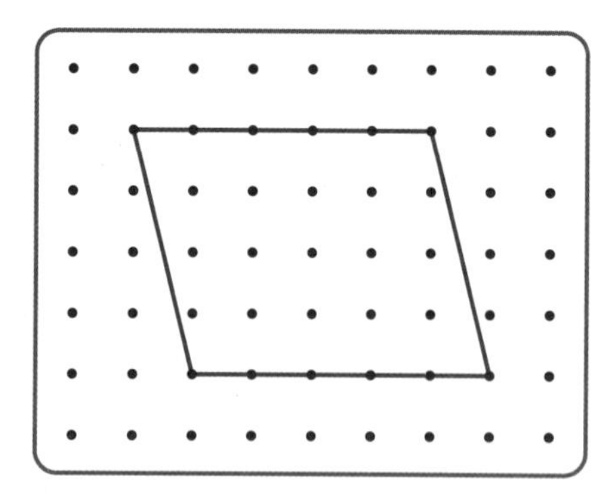

답

이유

여러 가지 사각형 ② 평행사변형

평행사변형입니다. □ 안에 알맞은 수를 쓰세요.

1
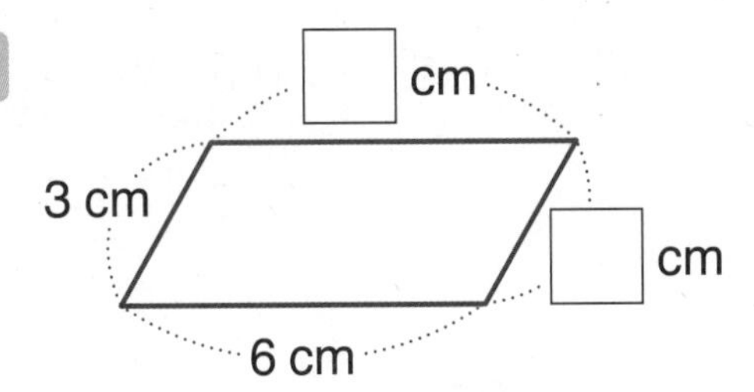

5
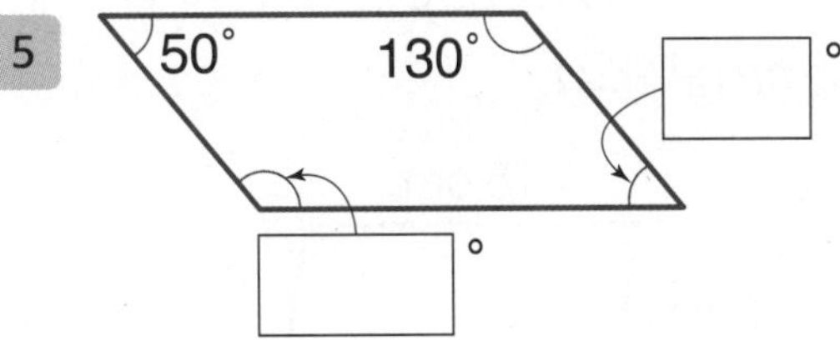

2
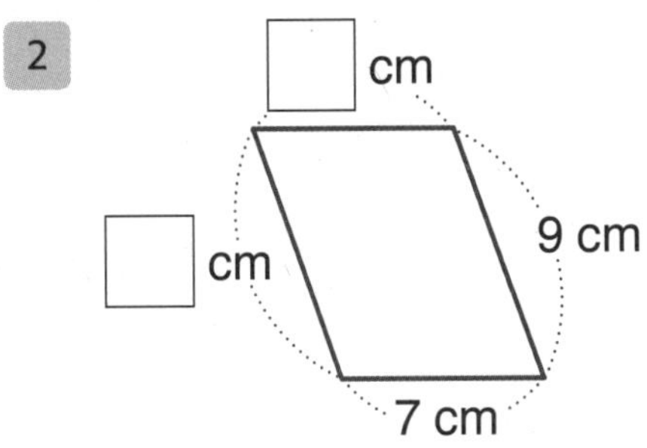

6
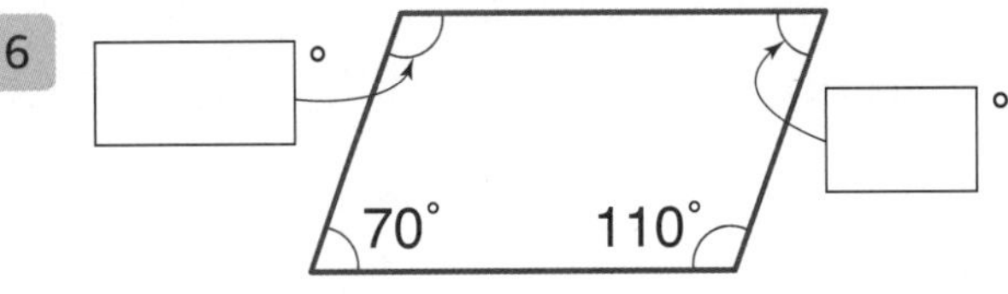

3
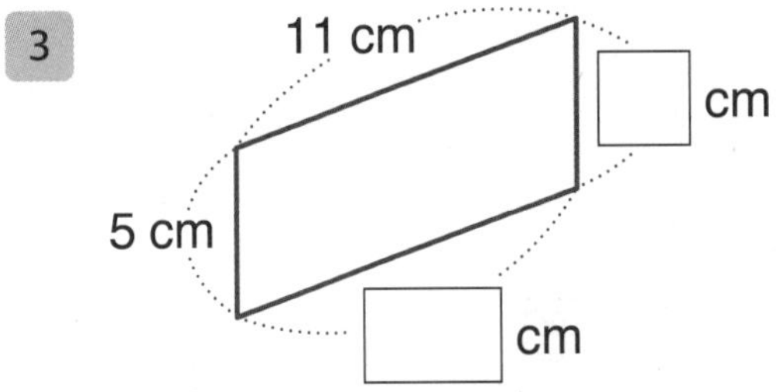

7
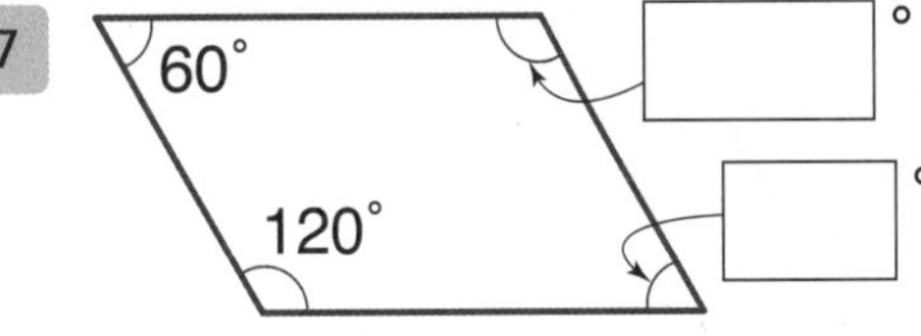

4
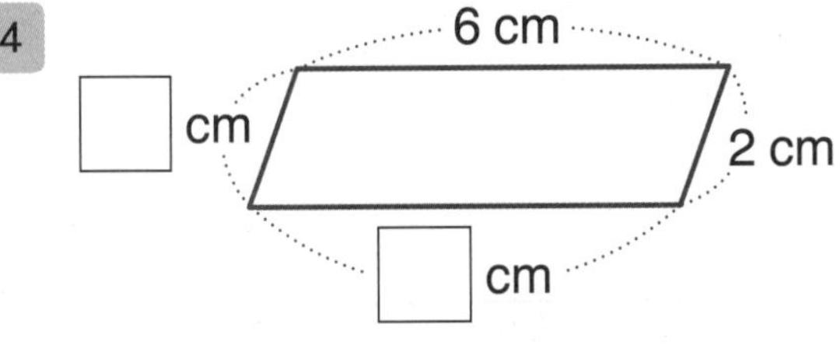

8
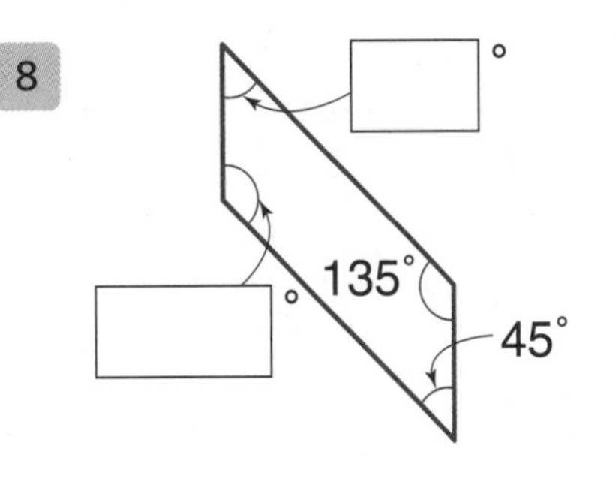

여러 가지 사각형 ②

1 사각형 ㄱㄴㄷㄹ은 평행사변형입니다. 네 변의 길이의 합은 몇 cm일까요?

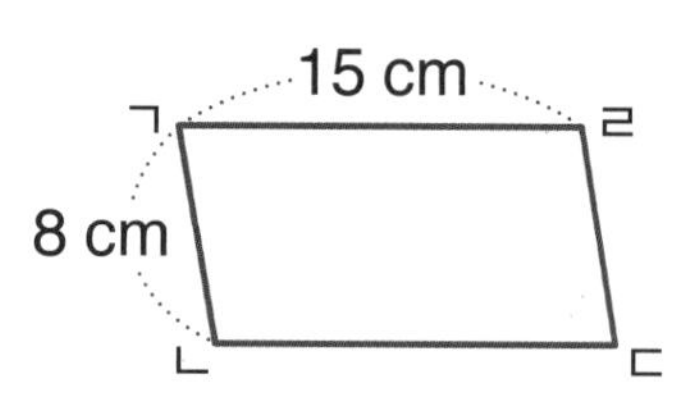

마주 보는 두 변의 길이가 같으므로

답 ____________

2 사각형 ㄱㄴㄷㄹ은 평행사변형입니다. 네 변의 길이의 합이 30 cm일 때 변 ㄴㄷ의 길이는 몇 cm일까요?

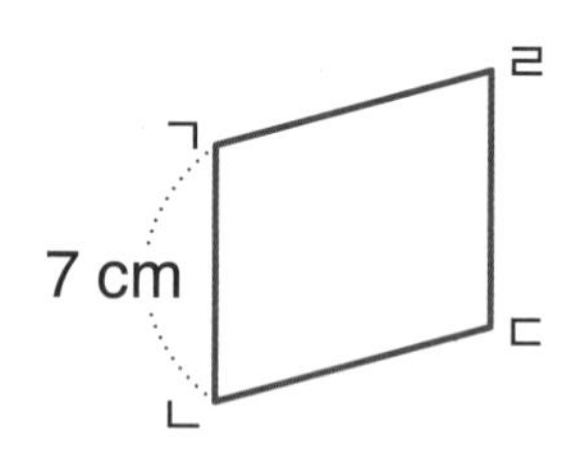

답 ____________

3 사각형 ㄱㄴㄷㄹ은 평행사변형입니다. 각 ㄴㄷㄹ의 크기는 몇 도일까요?

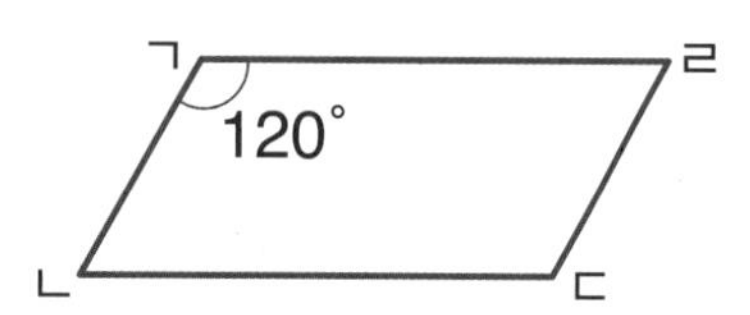

답 ____________

4 사각형 ㄱㄴㄷㄹ은 평행사변형입니다. 각 ㄱㄴㄷ의 크기는 몇 도일까요?

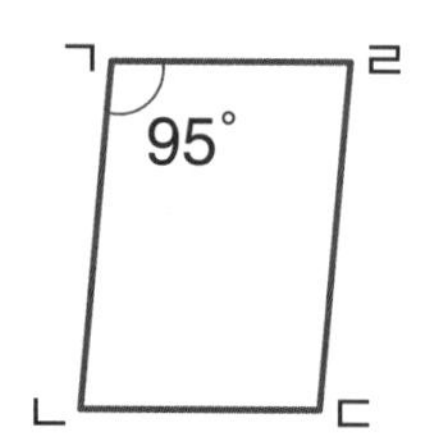

답 ____________

여러 가지 사각형 ③ 마름모

마름모입니다. □ 안에 알맞은 수를 쓰세요.

1
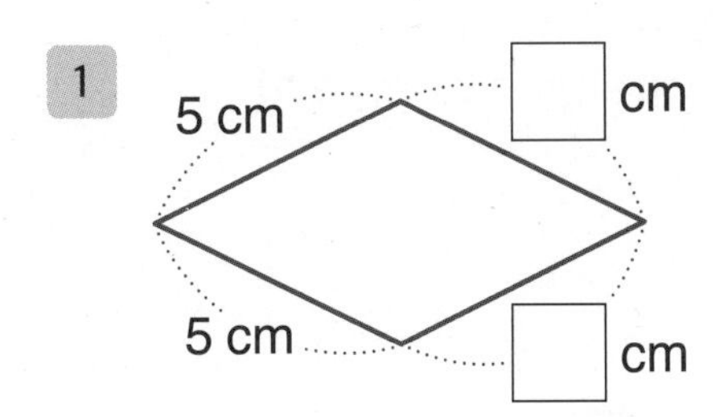

2
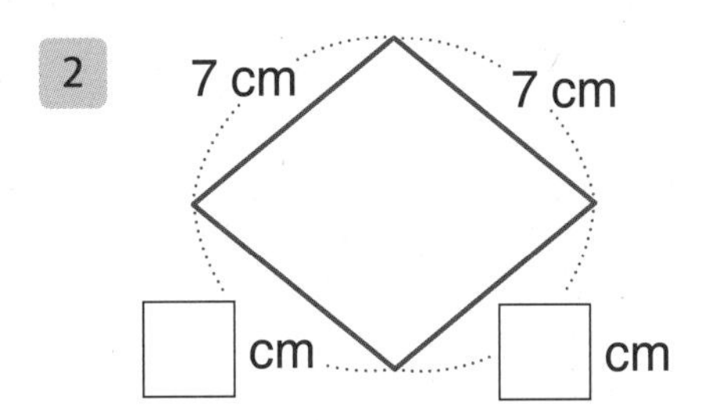

3
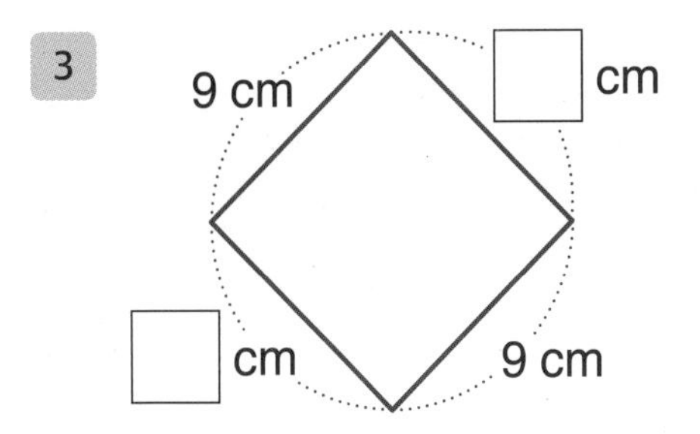

4
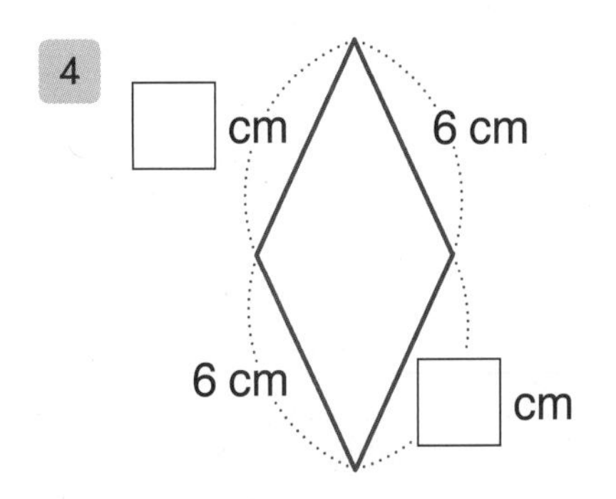

5
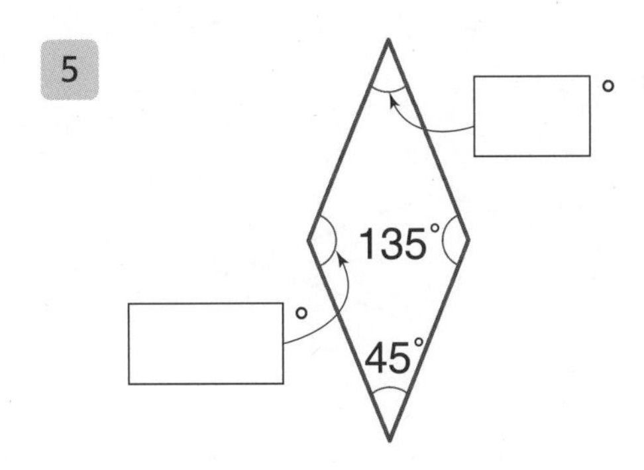

6
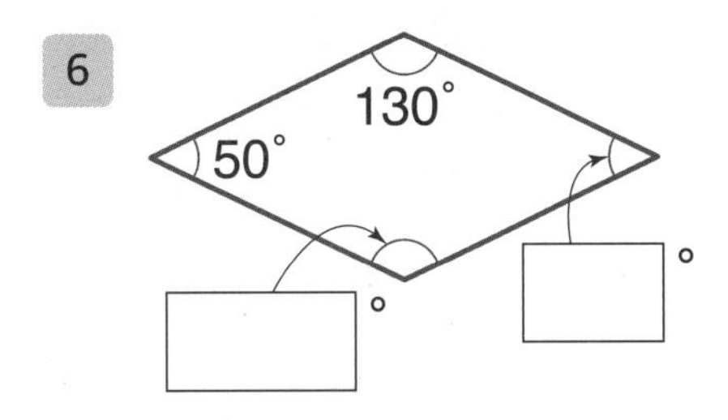

7
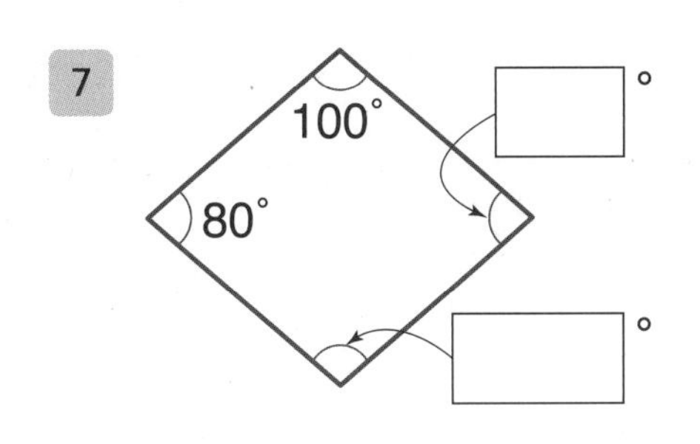

8
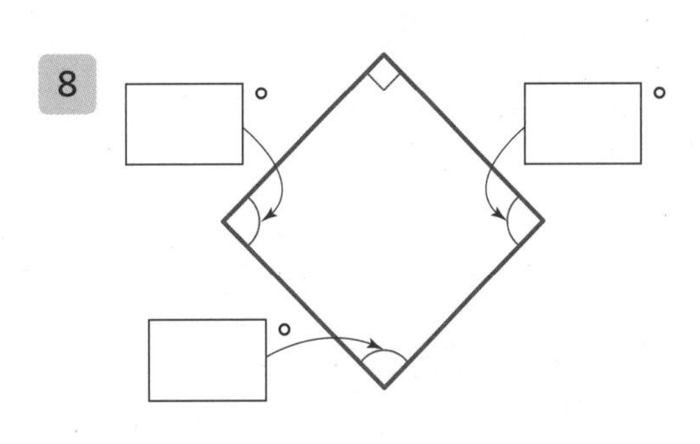

응용 UP 여러 가지 사각형③

1 사각형 ㄱㄴㄷㄹ은 마름모입니다. 네 변의 길이의 합은 몇 cm일까요?

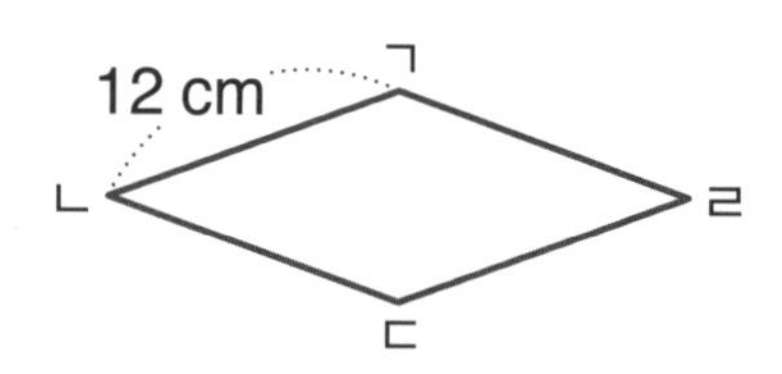

마름모는 네 변의 길이가 모두 같으므로
(변 ㄱㄴ)=(변 ㄴㄷ)=(변 ㄷㄹ)=(변 ㄹㄱ)

2 사각형 ㄱㄴㄷㄹ은 마름모입니다. 네 변의 길이의 합이 32 cm일 때 한 변의 길이는 몇 cm일까요?

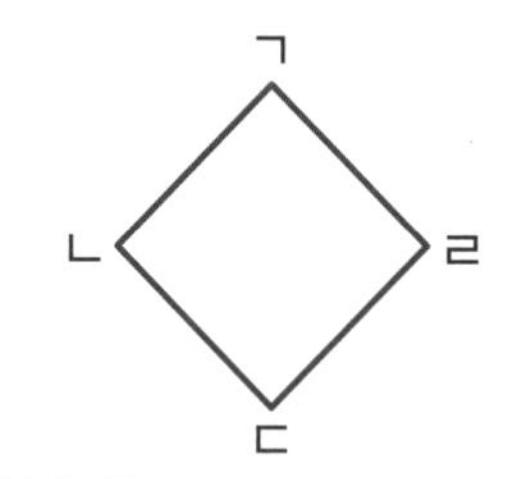

답 ______

3 사각형 ㄱㄴㄷㄹ은 마름모입니다. 각 ㄱㄴㄷ의 크기는 몇 도일까요?

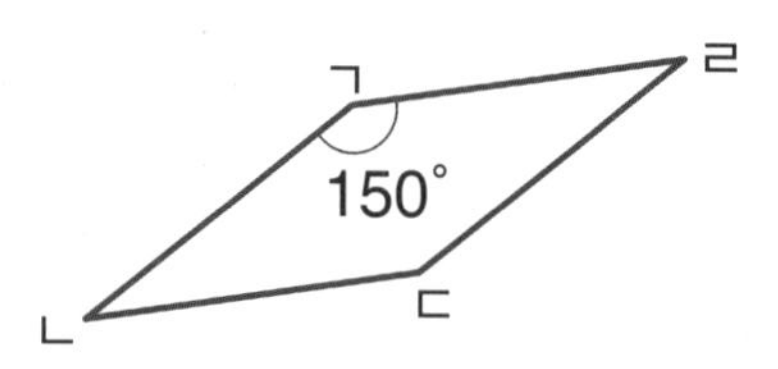

답 ______

4 사각형 ㄱㄴㄷㄹ은 마름모입니다. 변 ㄴㄷ을 길게 늘렸을 때, ㉠의 각도를 구하세요.

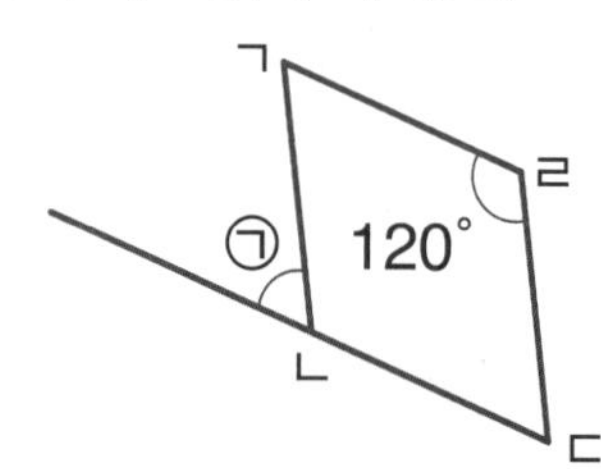

답 ______

여러 가지 사각형④ 평행사변형과 마름모

연산 up

평행사변형입니다. □ 안에 알맞은 수를 쓰세요.

1
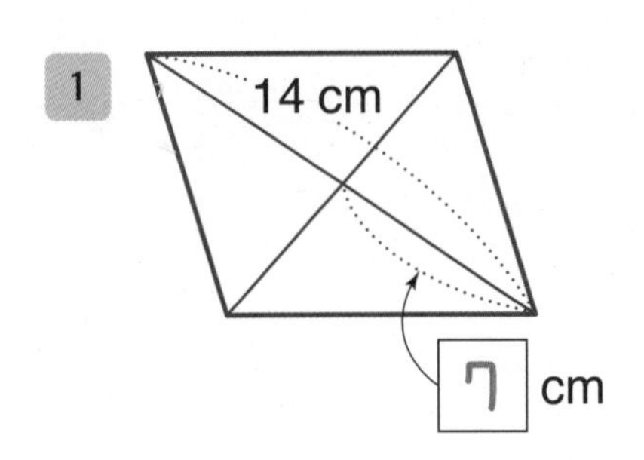

2
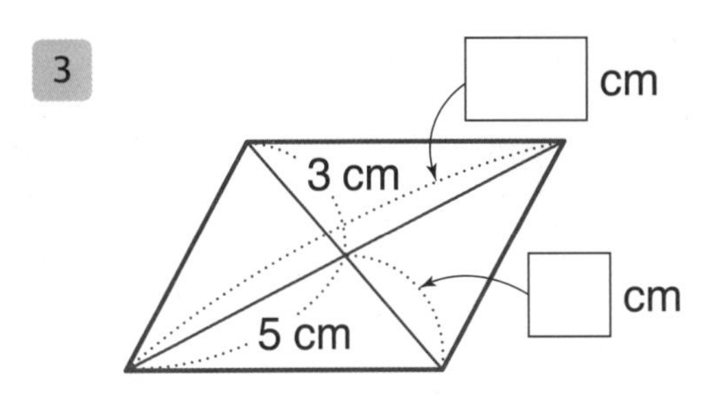

3
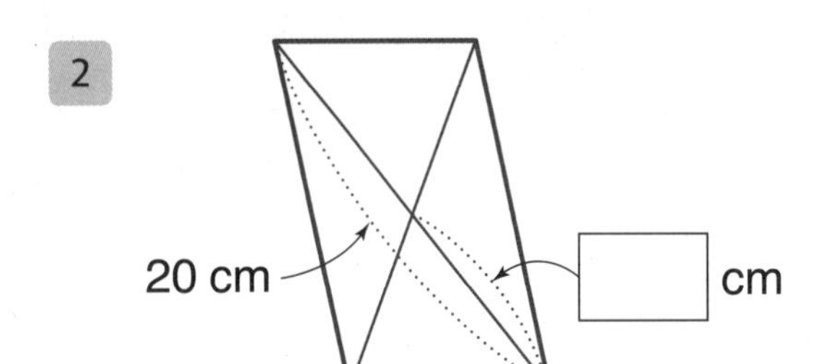

4
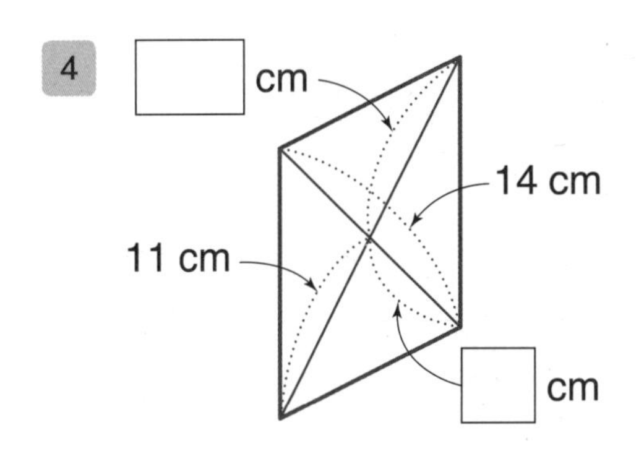

마름모입니다. □ 안에 알맞은 수를 쓰세요.

5
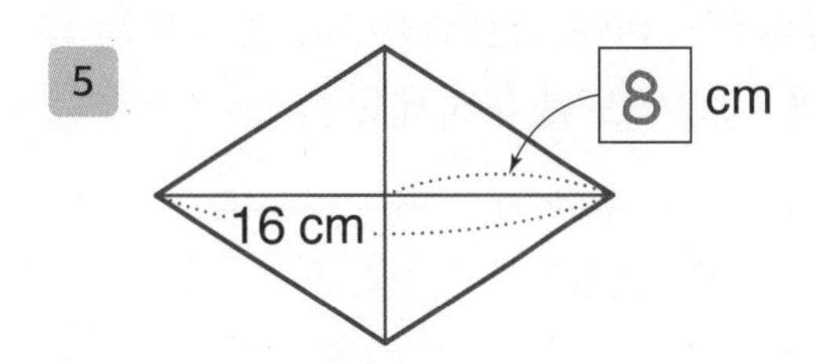

평행사변형과 마름모는 마주 보는 꼭짓점끼리 이은 선분이 서로 이등분해.

6
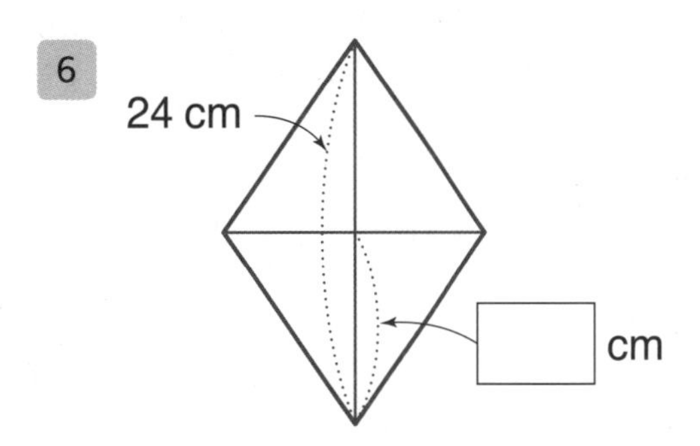

7
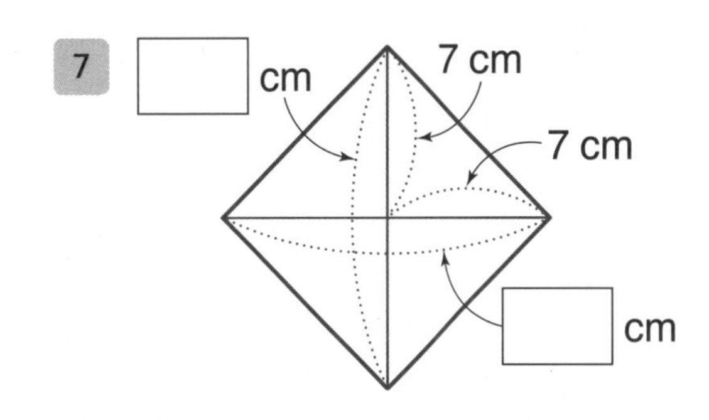

8
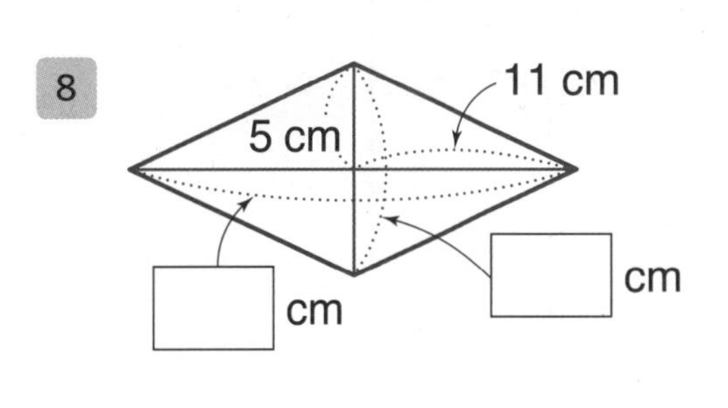

응용 UP 여러 가지 사각형 ④

1 사각형 ㄱㄴㄷㄹ은 평행사변형입니다. 변 ㄴㄷ을 길게 늘렸을 때, ㉠의 각도를 구하세요.

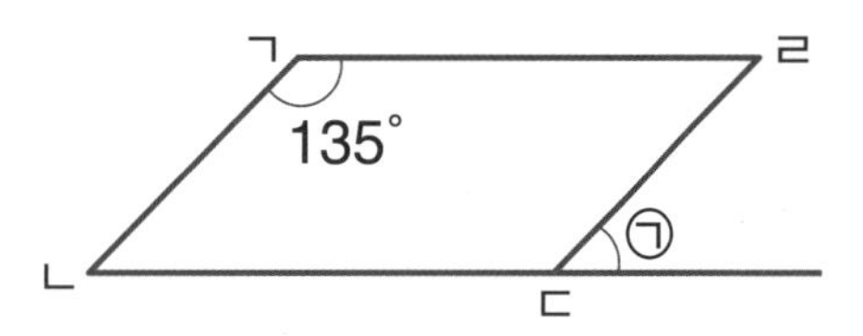

평행사변형은 마주 보는 두 각의 크기가 같고, 한 직선이 이루는 각도는 180°야.

2 사각형 ㄱㄴㄷㄹ은 마름모입니다. 각 ㄱㄴㄹ의 크기는 몇 도일까요?

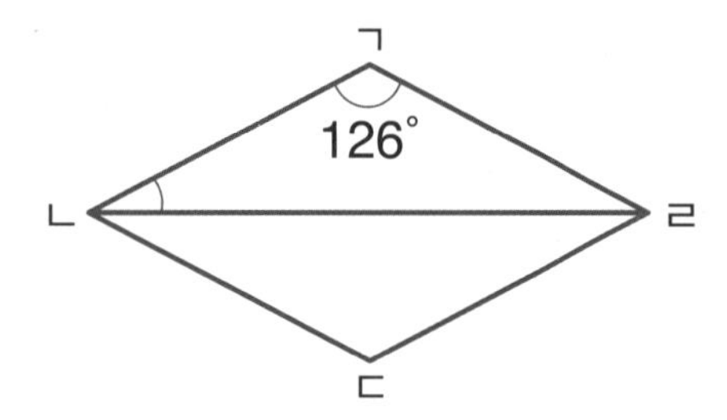

답

3 사각형 ㄱㄴㄷㄹ은 평행사변형입니다. 변 ㄹㄷ을 길게 늘렸을 때, ㉠의 각도를 구하세요.

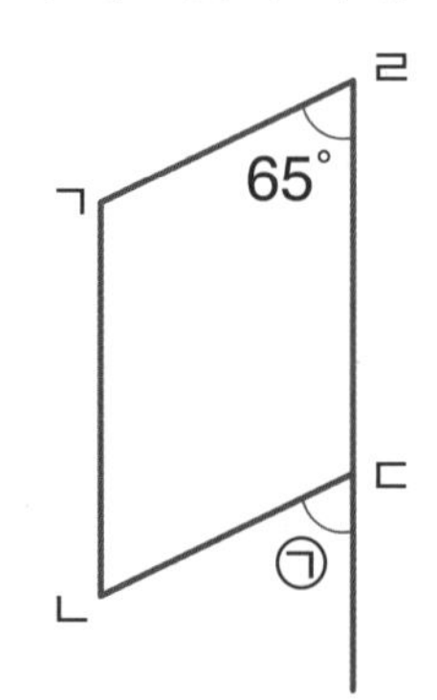

답

여러 가지 사각형 ⑤ 사각형의 포함 관계

바르게 설명한 것에 ○표, 틀린 것에 ×표 하세요.

1

사다리꼴은 평행사변형입니다. ➡ ×

평행사변형은 사다리꼴입니다. ➡ ○

2

직사각형은 정사각형입니다. ➡ □

정사각형은 직사각형입니다. ➡ □

3

정사각형은 마름모입니다. ➡ □

마름모는 정사각형입니다. ➡ □

4

평행사변형은 직사각형입니다. ➡ □

직사각형은 평행사변형입니다. ➡ □

5

사다리꼴은 마름모입니다. ➡ □

마름모는 사다리꼴입니다. ➡ □

6

사각형은 정사각형입니다. ➡ □

정사각형은 사각형입니다. ➡ □

7

마름모는 직사각형입니다. ➡ □

직사각형은 마름모입니다. ➡ □

8

평행사변형은 마름모입니다. ➡ □

마름모는 평행사변형입니다. ➡ □

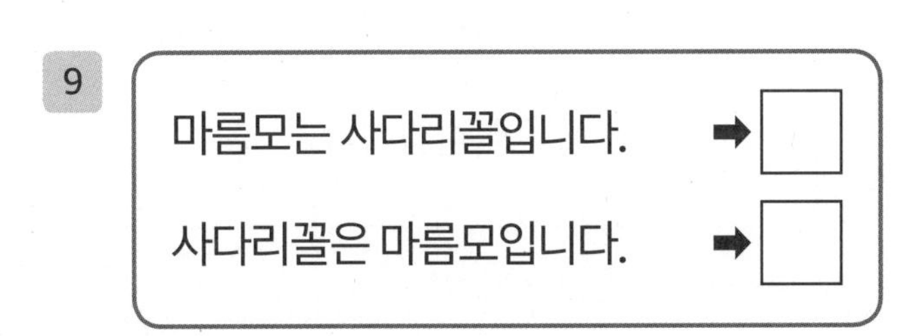

9

마름모는 사다리꼴입니다. ➡ □

사다리꼴은 마름모입니다. ➡ □

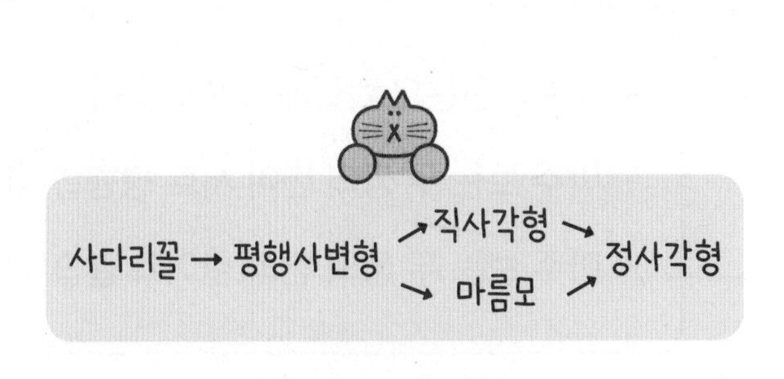

여러 가지 사각형 ⑤

| 조건을 만족하는 도형 |

다음 조건을 모두 만족하는 도형을 그리세요.

1
- 사각형입니다.
- 마주 보는 두 쌍의 변이 서로 평행합니다.
- 네 변의 길이가 모두 같습니다.

➡ 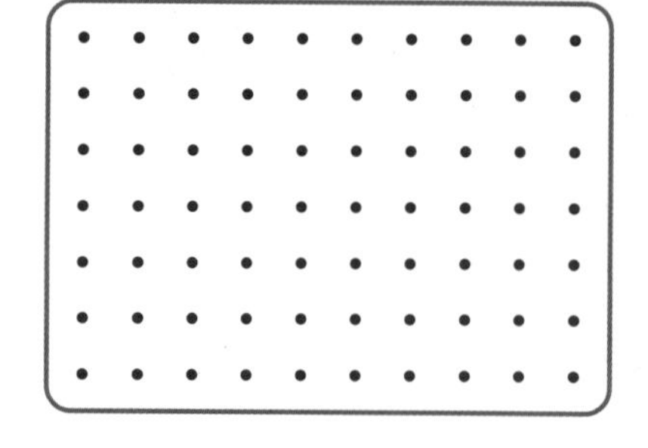

2
- 4개의 선분으로 둘러싸여 있습니다.
- 네 변의 길이가 모두 같습니다.
- 네 각의 크기가 모두 같습니다.

➡ 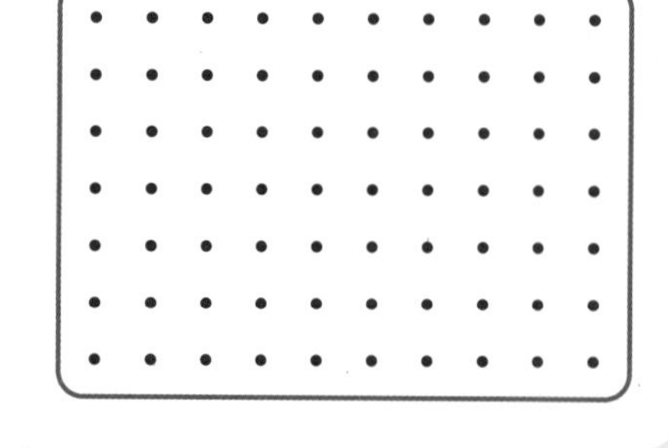

3
- 사각형입니다.
- 마주 보는 두 쌍의 변이 서로 평행합니다.
- 네 각이 모두 직각입니다.

➡ 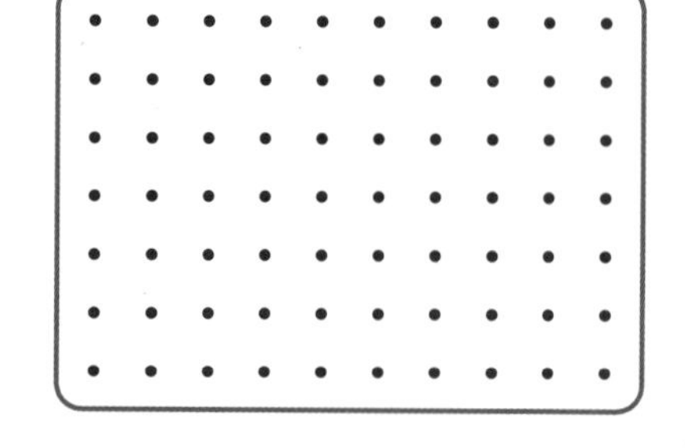

4
- 4개의 선분으로 둘러싸여 있습니다.
- 마주 보는 두 쌍의 변이 서로 평행합니다.
- 마주 보는 두 쌍의 변의 길이가 같습니다.

➡ 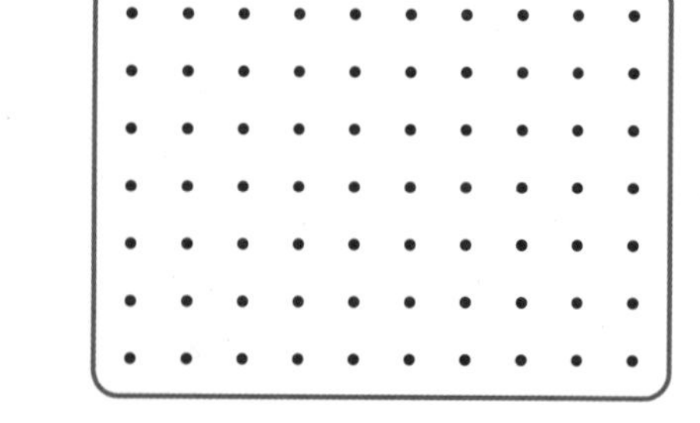

DAY 45

마무리 확인

연산 평가 up

1 다음을 보고 물음에 답하세요.

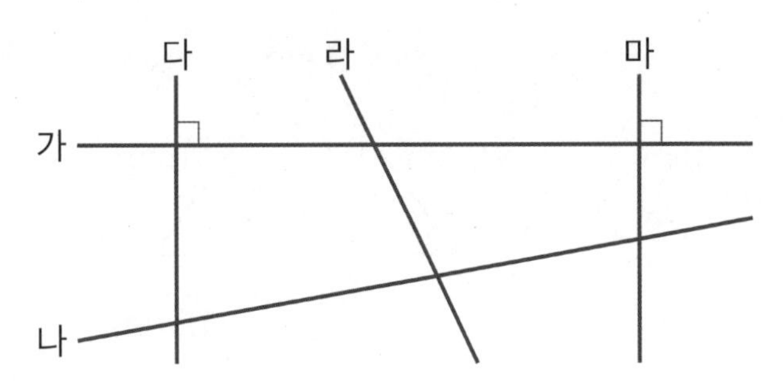

(1) 직선 가에 수직인 직선을 모두 찾으세요.

(,)

(2) 서로 평행한 두 직선을 찾으세요.

(,)

2 도형을 보고 물음에 답하세요.

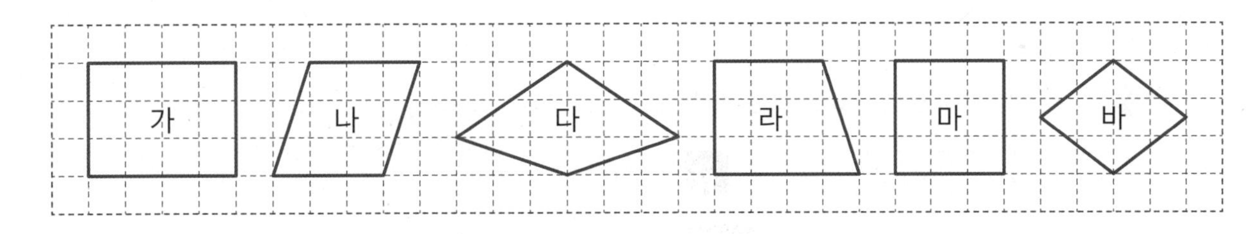

(1) 평행사변형을 모두 찾아 기호를 쓰세요. ( )

(2) 마름모를 모두 찾아 기호를 쓰세요. ( )

(3) 정사각형을 찾아 기호를 쓰세요. ( )

3 마름모입니다. □ 안에 알맞은 수를 쓰세요.

(1)

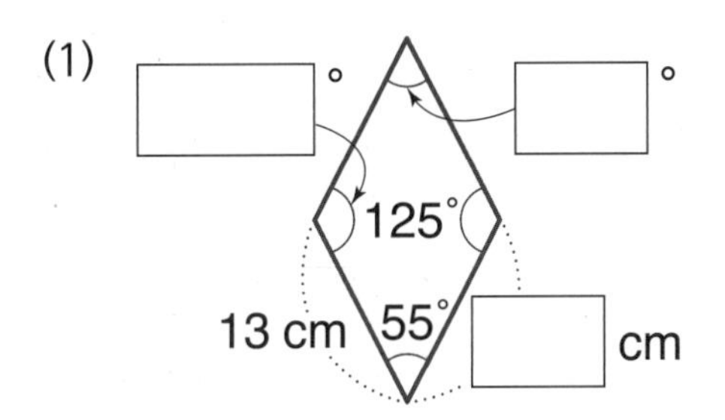

(2)

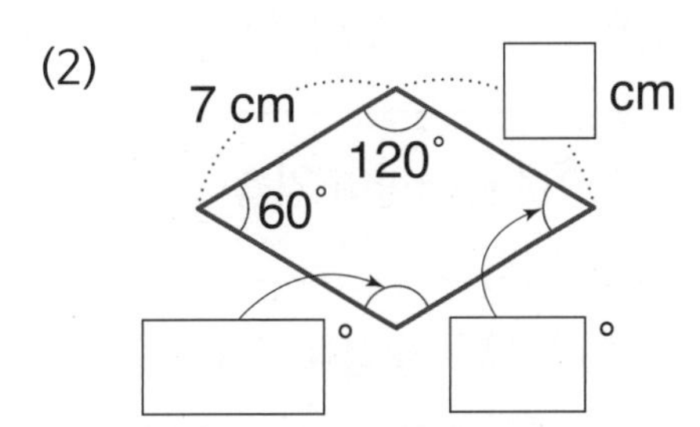

마무리 확인

4 도형에서 평행선 사이의 거리는 몇 cm일까요?

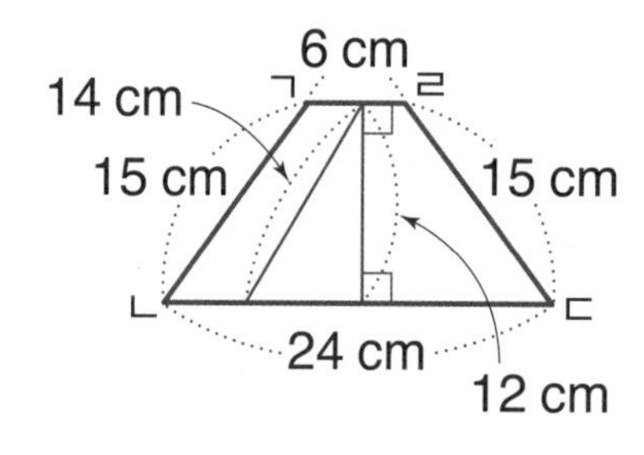

( )

5 사각형 ㄱㄴㄷㄹ은 평행사변형입니다. 네 변의 길이의 합은 몇 cm일까요?

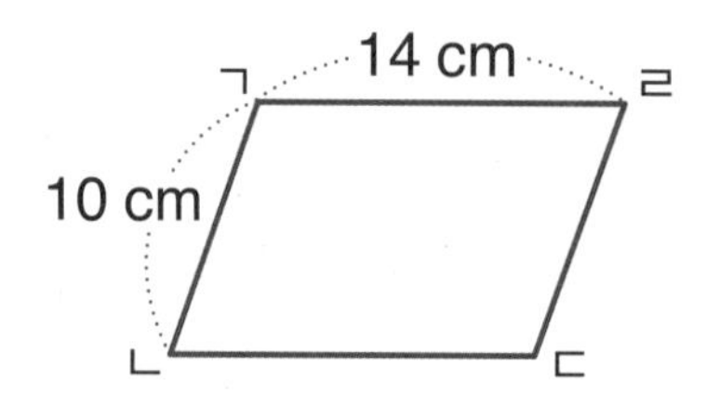

( )

6 다음 도형은 정사각형인가요? 그렇게 생각한 이유를 쓰세요.

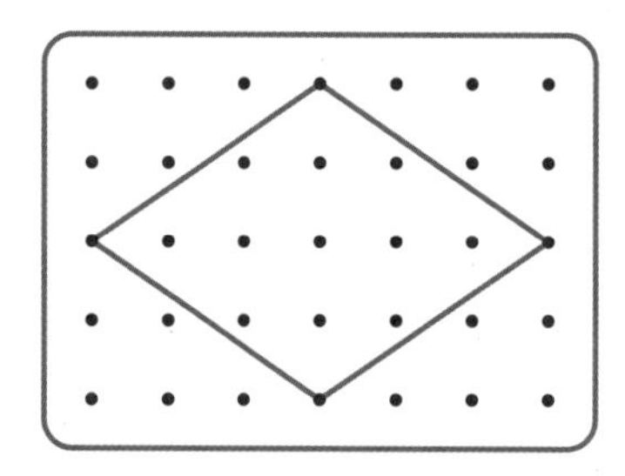

이유

7 다음 조건을 모두 만족하는 도형의 이름을 쓰세요.

- 4개의 선분으로 둘러싸여 있습니다.
- 네 각이 모두 직각입니다.
- 네 변의 길이가 모두 같습니다.

( )

06 다각형

• 학습계열표 •

이전에 배운 내용

4-2 사각형
- 수직과 평행
- 여러 가지 사각형

▼

지금 배울 내용

4-2 다각형
- 다각형, 정다각형
- 대각선

▼

앞으로 배울 내용

5-2 직육면체
- 직육면체
- 정육면체

• 학습기록표 •

학습 일차	학습 내용	날짜	맞은 개수	
			연산	응용
DAY 46	**다각형** 다각형의 이름	/	/10	/6
DAY 47	**정다각형** 정다각형의 성질	/	/8	/4
DAY 48	**대각선①** 대각선의 수	/	/12	/4
DAY 49	**대각선②** 대각선의 길이	/	/8	/4
DAY 50	**마무리 확인**	/	/20	

책상에 붙여 놓고
매일매일 기록해요.

개념
up

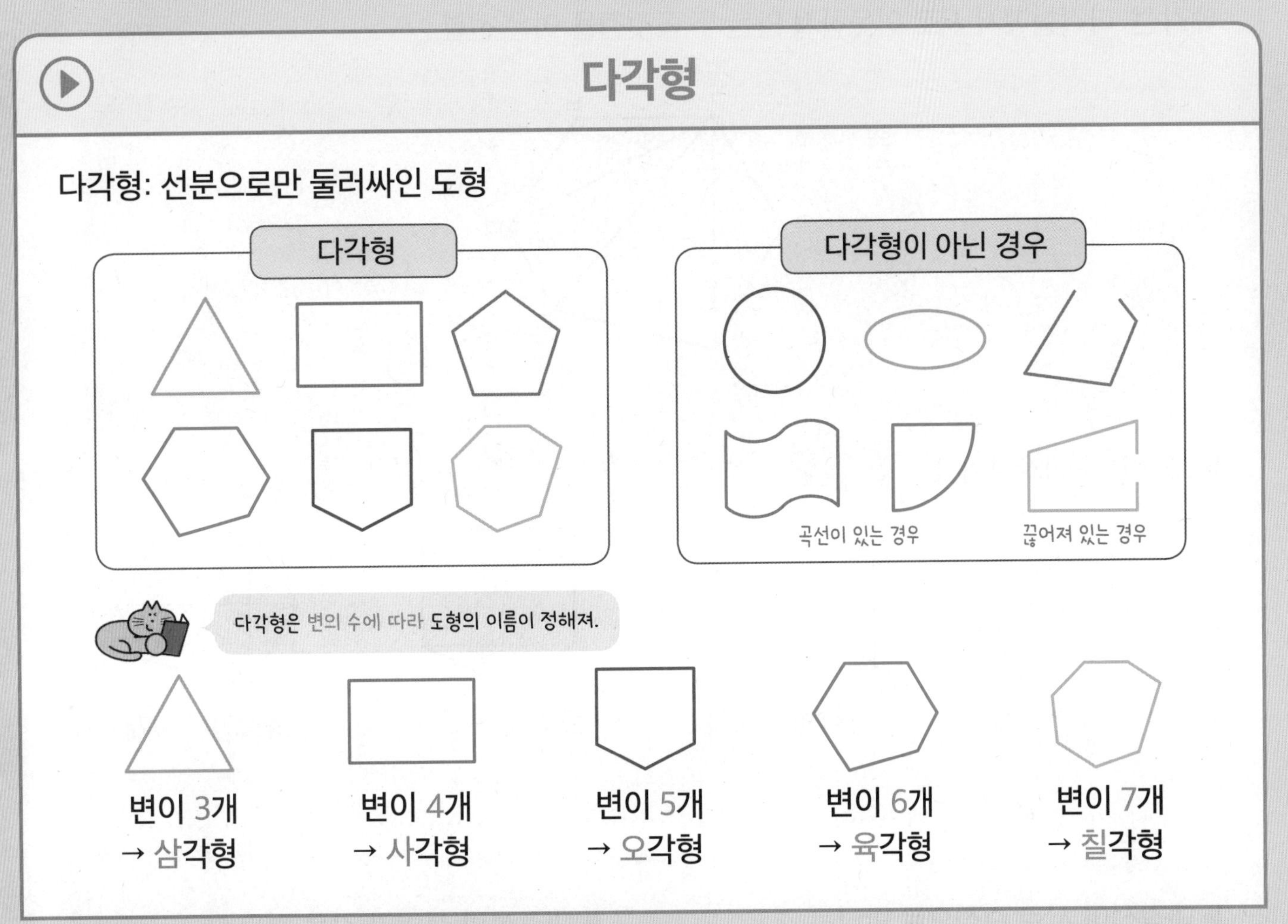
다각형
다각형: 선분으로만 둘러싸인 도형
다각형
다각형이 아닌 경우
곡선이 있는 경우
끊어져 있는 경우
다각형은 변의 수에 따라 도형의 이름이 정해져.
변이 3개
→ 삼각형
변이 4개
→ 사각형
변이 5개
→ 오각형
변이 6개
→ 육각형
변이 7개
→ 칠각형

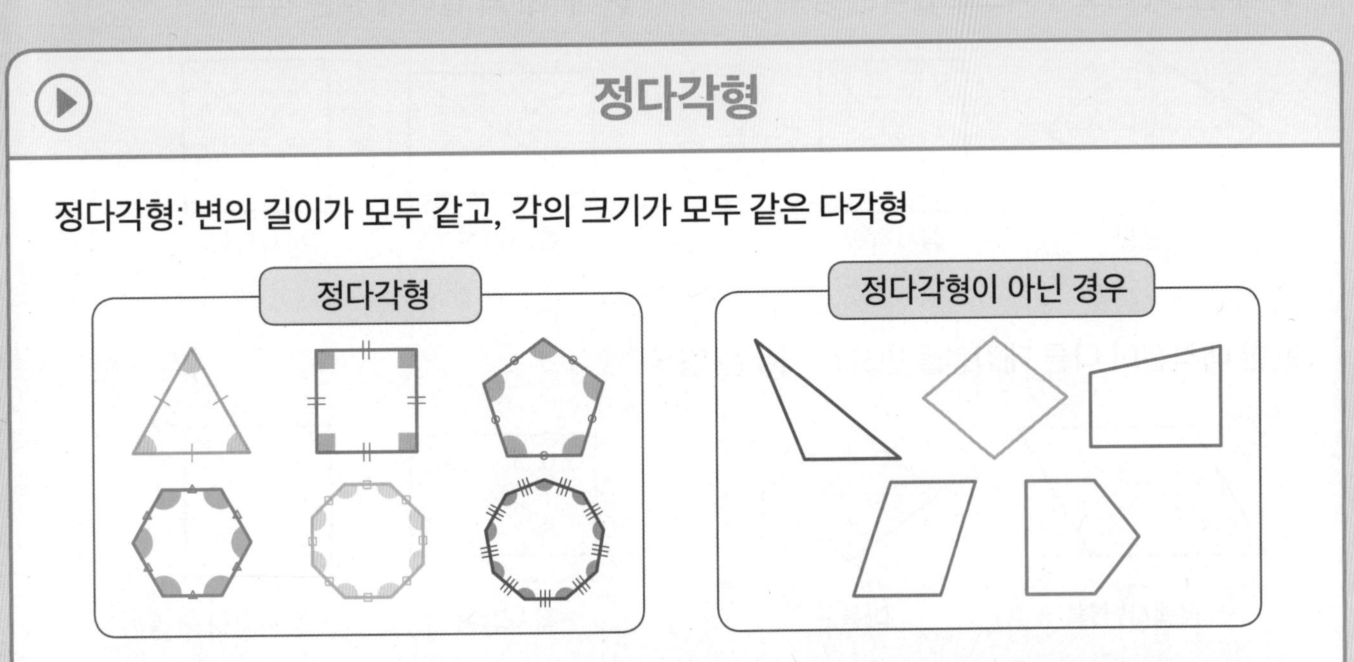
정다각형
정다각형: 변의 길이가 모두 같고, 각의 크기가 모두 같은 다각형
정다각형
정다각형이 아닌 경우

대각선

대각선: 다각형에서 서로 이웃하지 않는 두 꼭짓점을 이은 선분

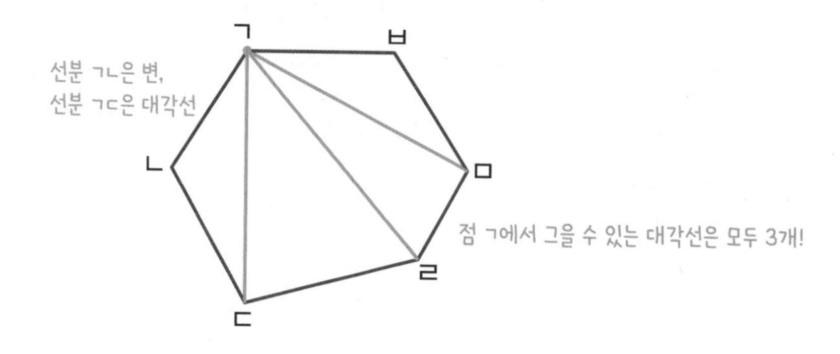

▶ 다각형의 대각선의 수

꼭짓점의 수가 많은 다각형일수록 더 많은 대각선을 그을 수 있어.

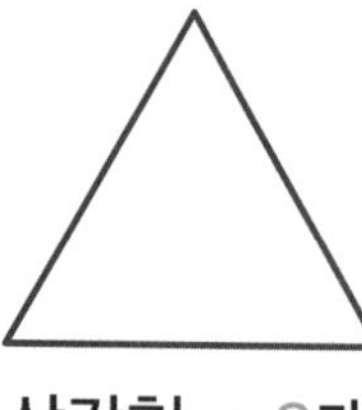
삼각형 → 0개

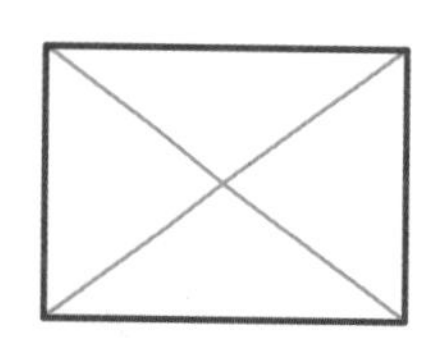
사각형 → 2개

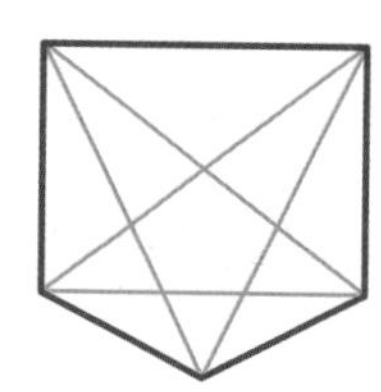
오각형 → 5개

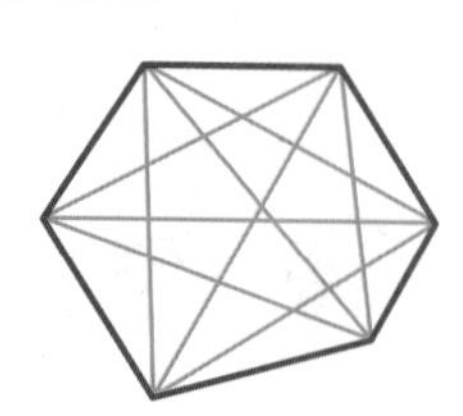
육각형 → 9개

▶ 대각선이 서로 수직으로 만나는 경우

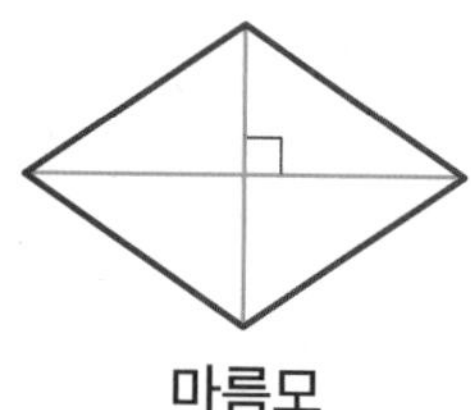
마름모

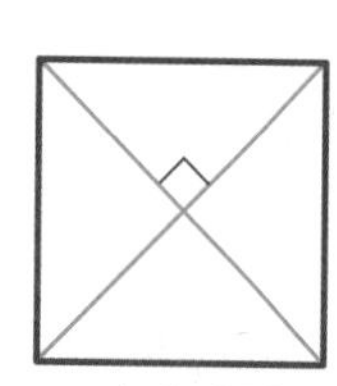
정사각형

▶ 대각선의 길이가 같은 경우

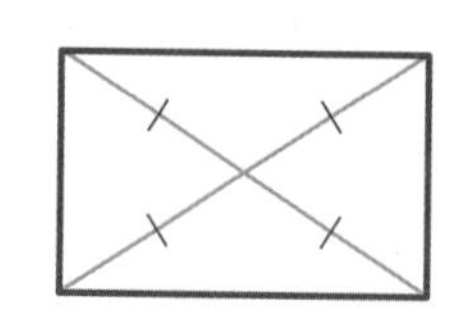
직사각형

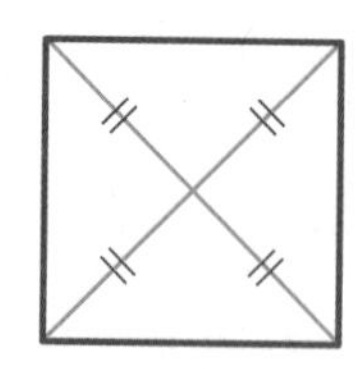
정사각형

▶ 한 대각선이 다른 대각선을 반으로 나누는 경우

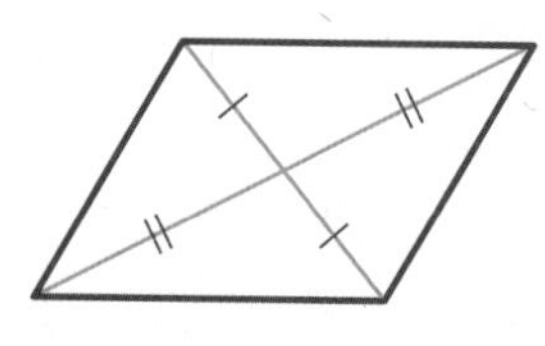
평행사변형

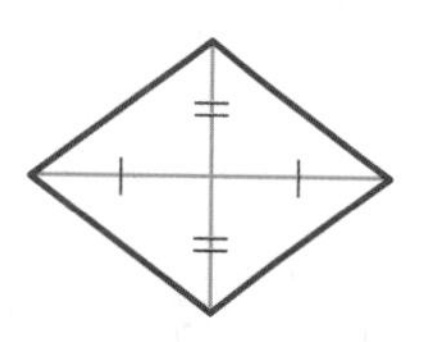
마름모

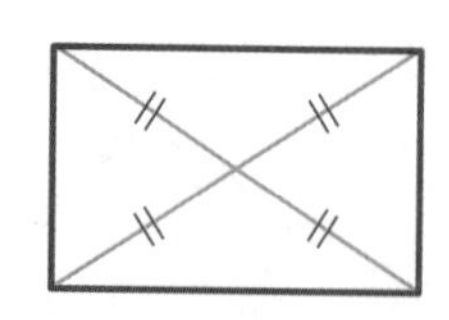
직사각형

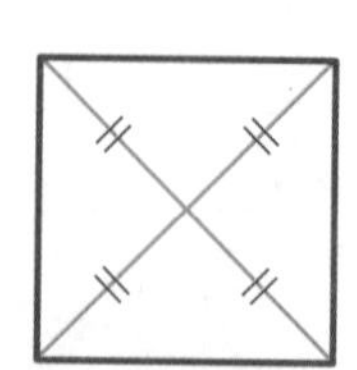
정사각형

다각형 다각형의 이름

연산 up

다각형의 이름을 쓰세요.

1
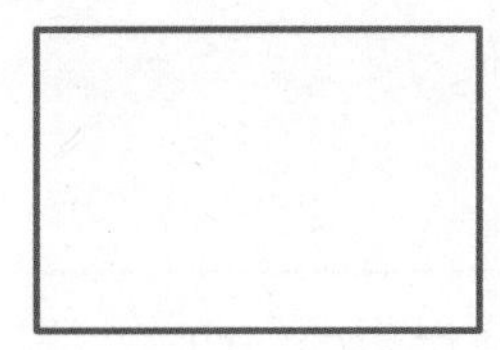
______

다각형을 이루고 있는
변이 모두 몇 개일까?

2
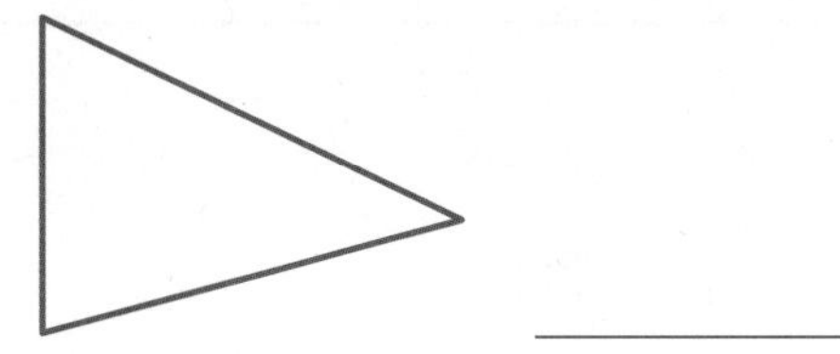
______

3
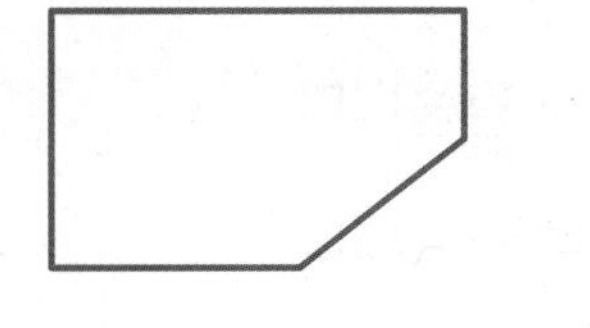
______

4
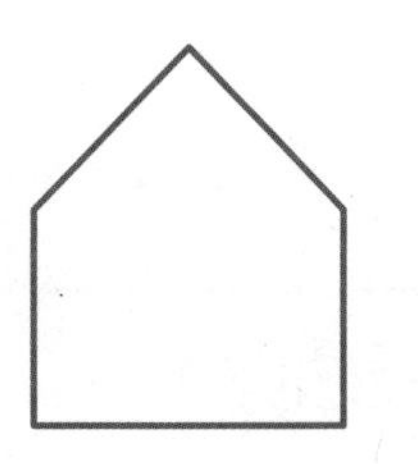
______

5
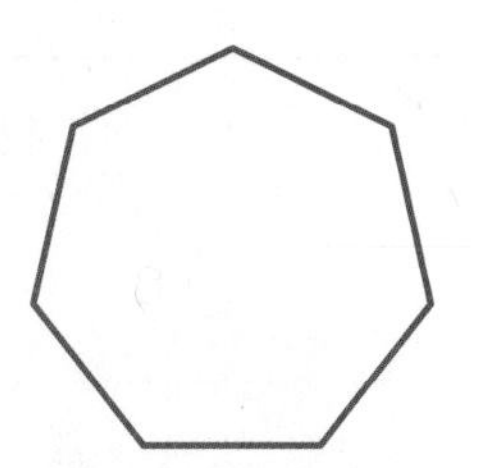
______

정다각형의 이름을 쓰세요.

6
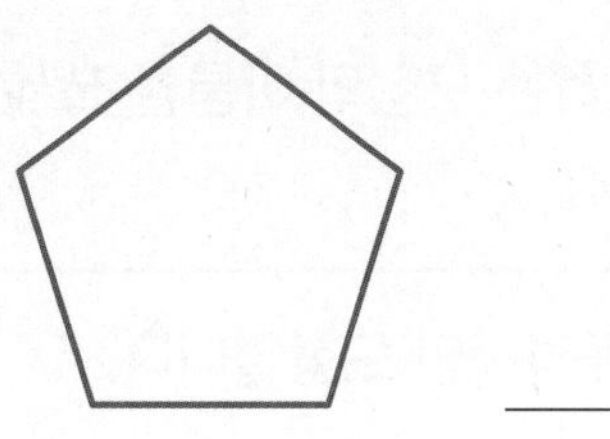
______

7
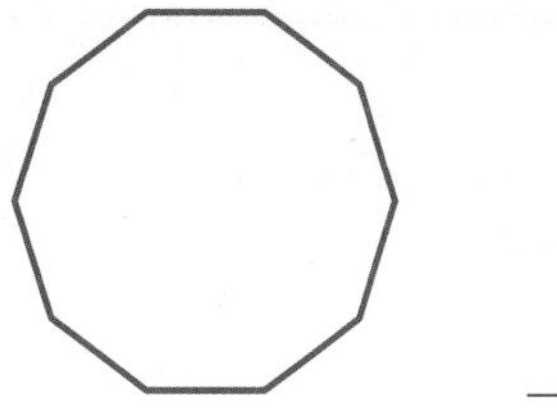
______

8
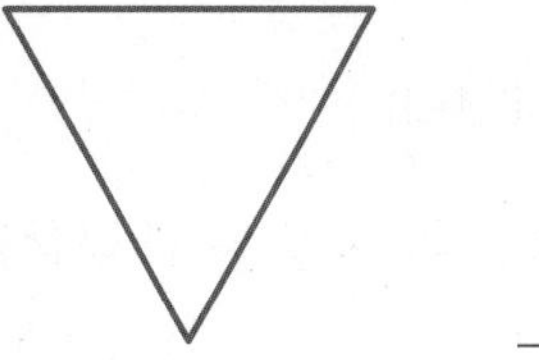
______

9
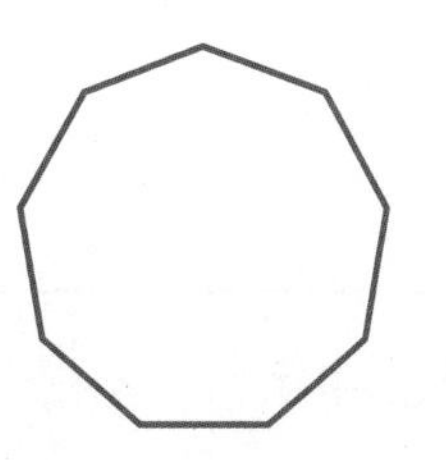
______

10

______

| 조건을 만족하는 도형 |

다음 조건을 모두 만족하는 도형의 이름을 쓰세요.

1
- 선분으로 둘러싸인 도형입니다.
- 대각선은 2개입니다.
- 모든 각의 크기의 합은 360°입니다.

답 ____________

4
- 선분으로 둘러싸인 도형입니다.
- 변이 8개이고, 길이가 모두 같습니다.
- 각의 크기가 모두 같습니다.

답 ____________

2
- 선분으로 둘러싸인 도형입니다.
- 꼭짓점이 10개입니다.
- 한 꼭짓점에서 그을 수 있는 대각선은 7개입니다.

답 ____________

5
- 5개의 선분으로 둘러싸인 도형입니다.
- 변의 길이가 모두 같습니다.
- 각의 크기가 모두 같습니다.

답 ____________

3
- 각이 9개인 다각형입니다.
- 변의 길이가 모두 같습니다.
- 각의 크기가 모두 같습니다.

답 ____________

6
- 선분으로 둘러싸인 도형입니다.
- 변의 길이와 각의 크기가 모두 같습니다.
- 꼭짓점이 6개입니다.

답 ____________

정다각형 정다각형의 성질

정다각형입니다. □ 안에 알맞은 수를 쓰세요.

1
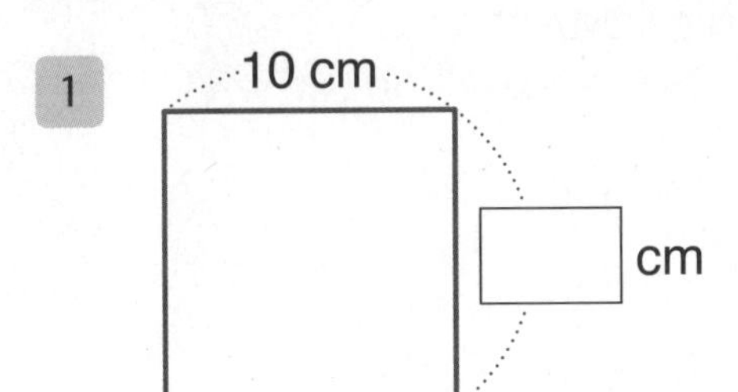

2
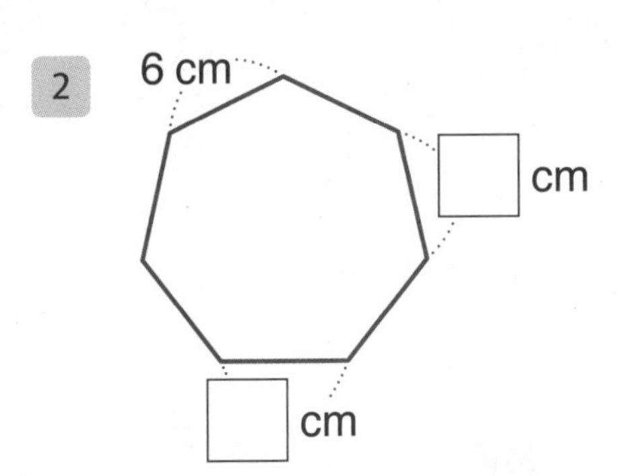

3
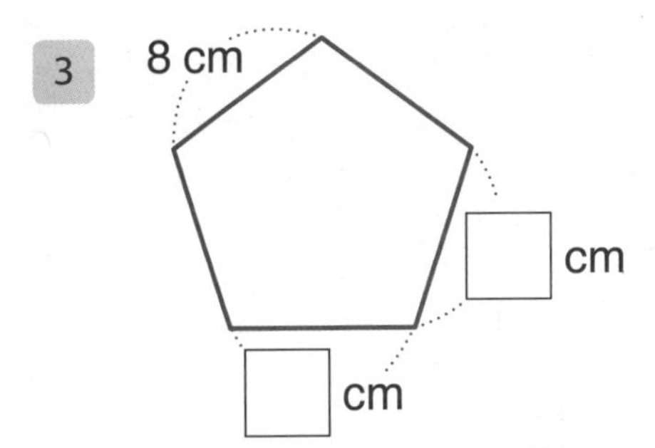

4
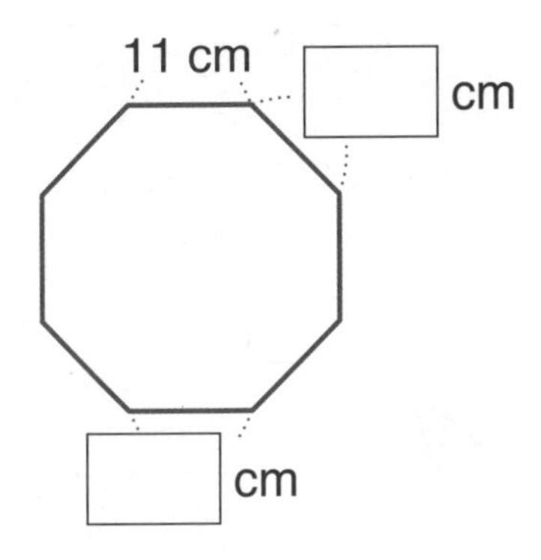

5
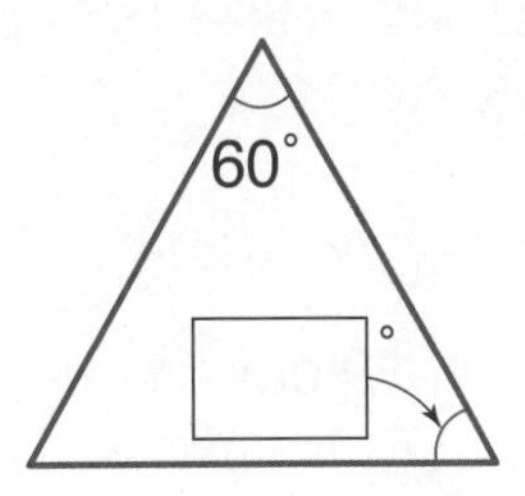

정다각형은
모든 변의 길이와
모든 각의 크기가 같아.

6
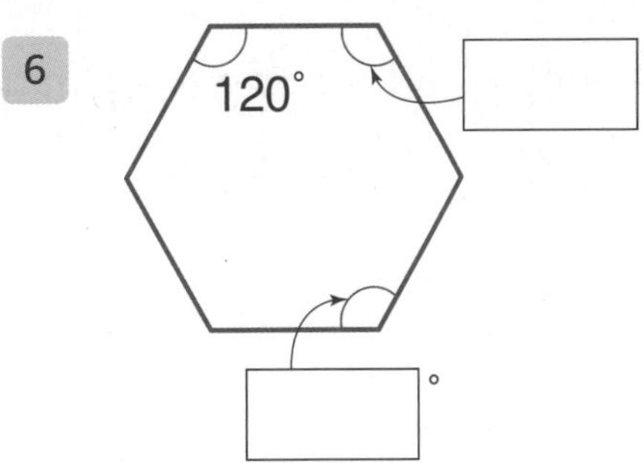

7
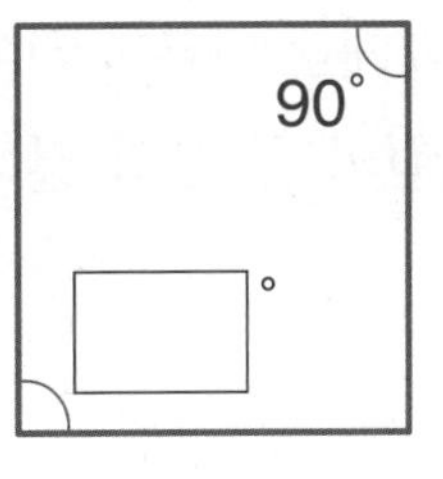

8
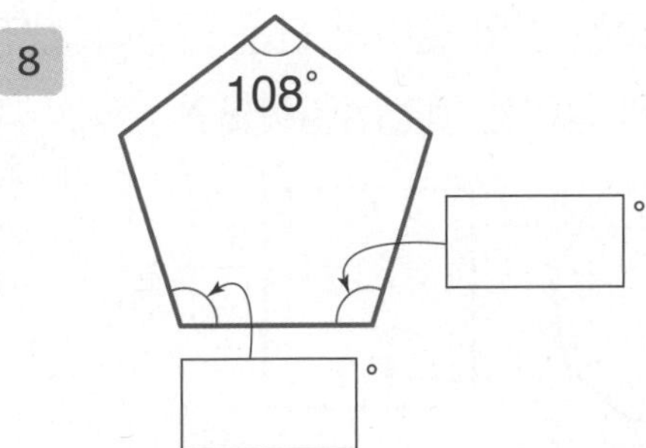

응용 up 정다각형

1 한 변의 길이가 9 cm인 정팔각형의 모든 변의 길이의 합은 몇 cm일까요?

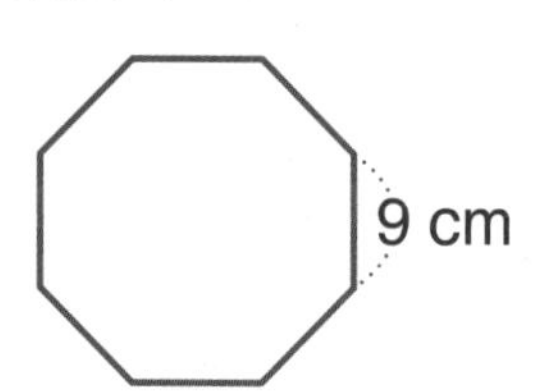

정팔각형은 8개의 변의 길이가 모두 같아요.

답 ____________

2 정십각형의 모든 변의 길이의 합은 80 cm입니다. 정십각형의 한 변의 길이는 몇 cm일까요?

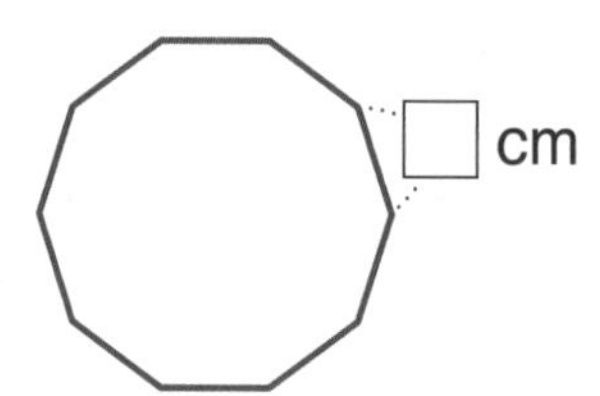

답 ____________

3 정삼각형 3개와 정육각형 1개로 다음과 같은 도형을 만들었습니다. 만든 도형의 한 변의 길이는 몇 cm일까요?

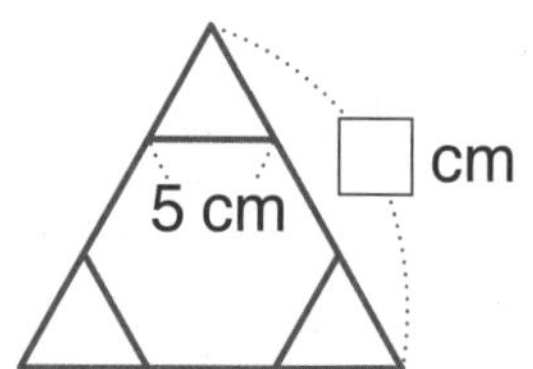

답 ____________

4 두 정다각형의 모든 변의 길이의 합은 같습니다. 정사각형의 한 변의 길이는 몇 cm일까요?

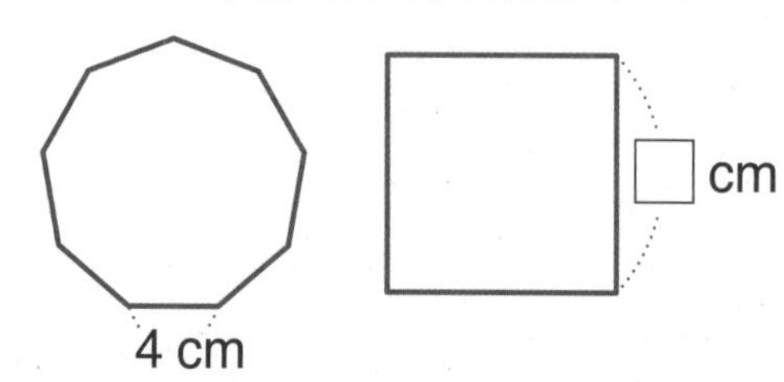

답 ____________

대각선 ① 대각선의 수

도형에 대각선을 모두 긋고, 대각선의 수를 쓰세요.

1

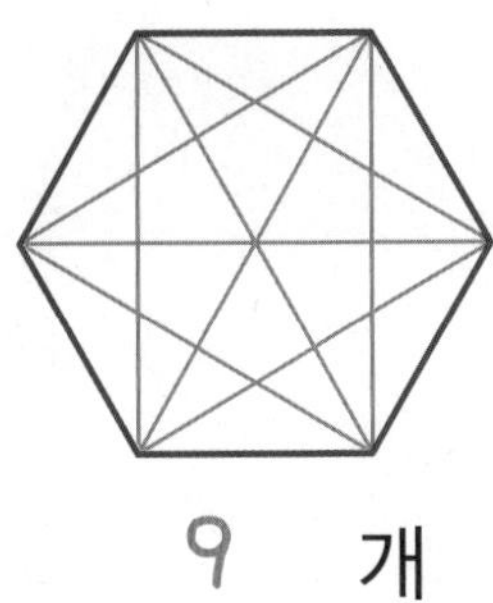

9 개

주의

빠진 대각선이 없는지 마지막에 꼭 확인!
대각선이 없을 수도 있어.

2

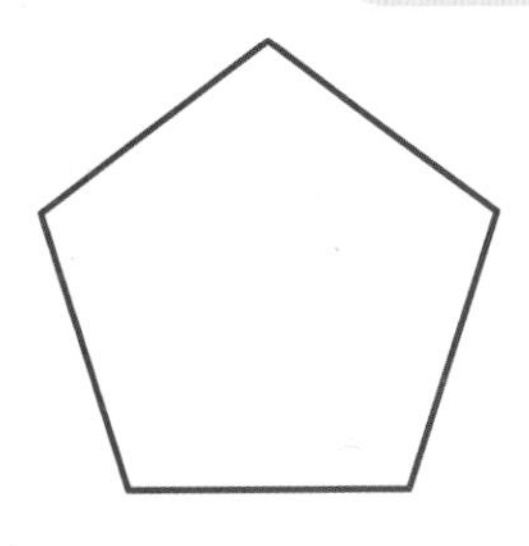

_____ 개

3

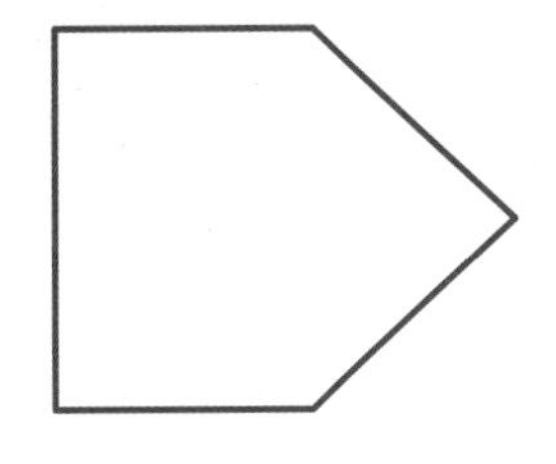

_____ 개

4

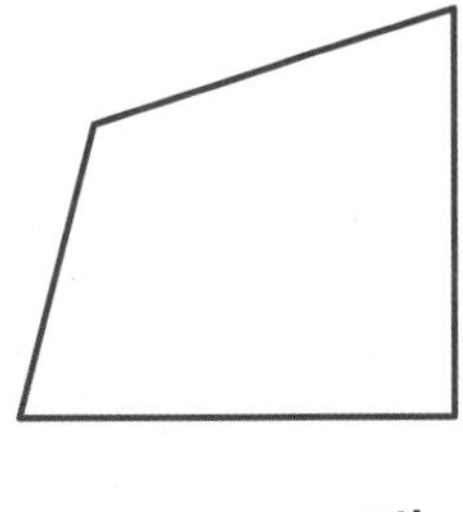

_____ 개

5

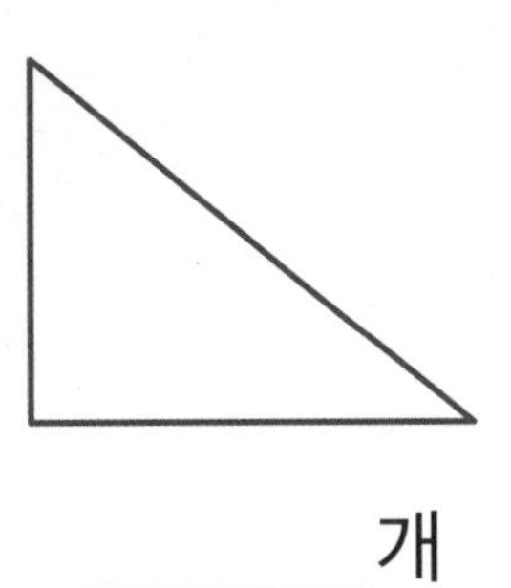

_____ 개

6

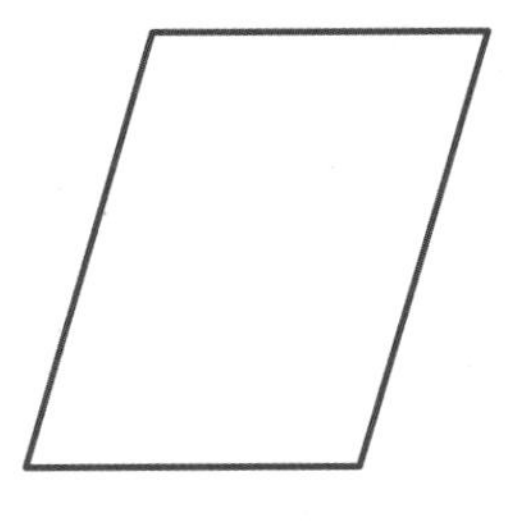

_____ 개

7

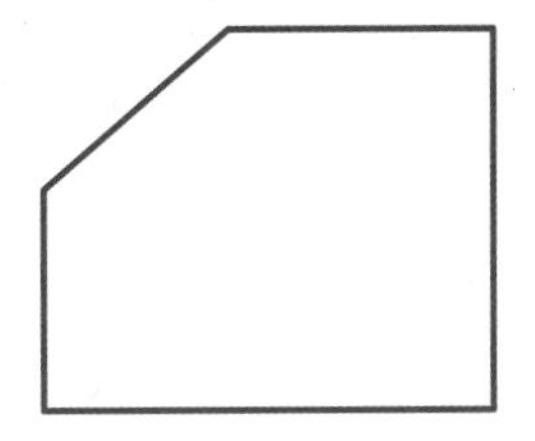

_____ 개

8

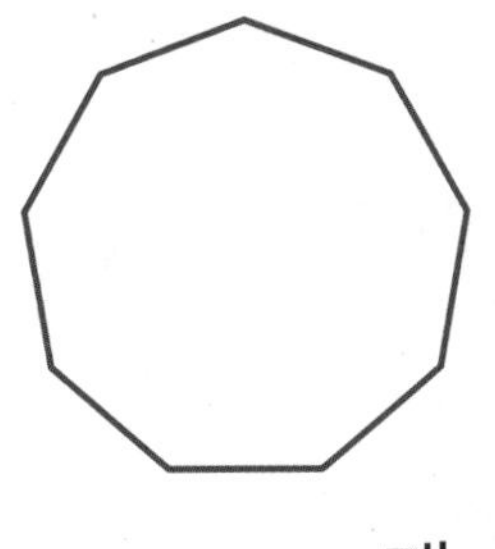

_____ 개

9

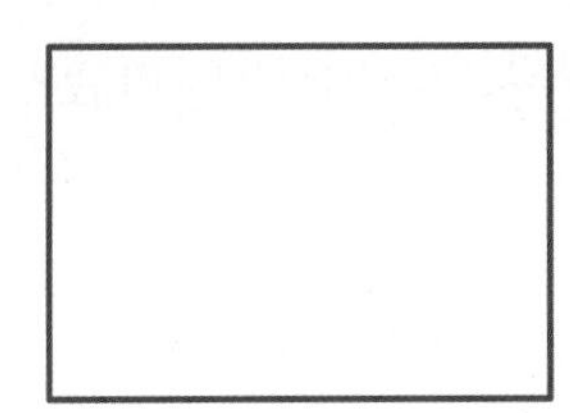

_____ 개

10

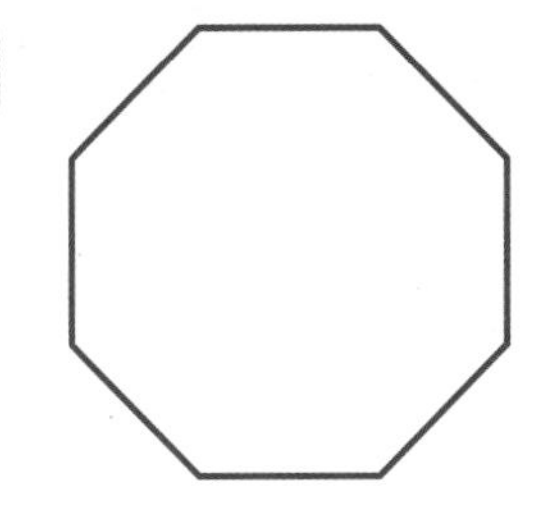

_____ 개

11

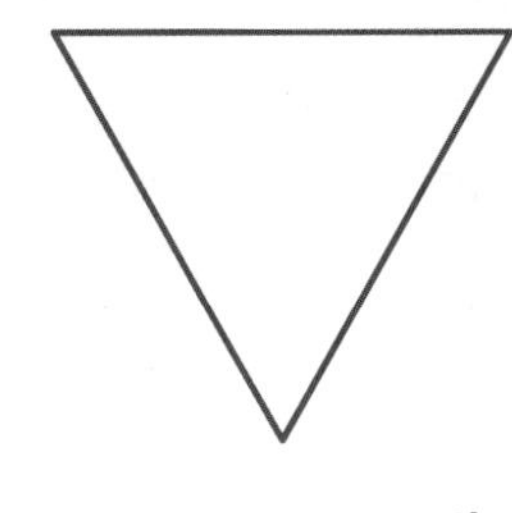

_____ 개

12

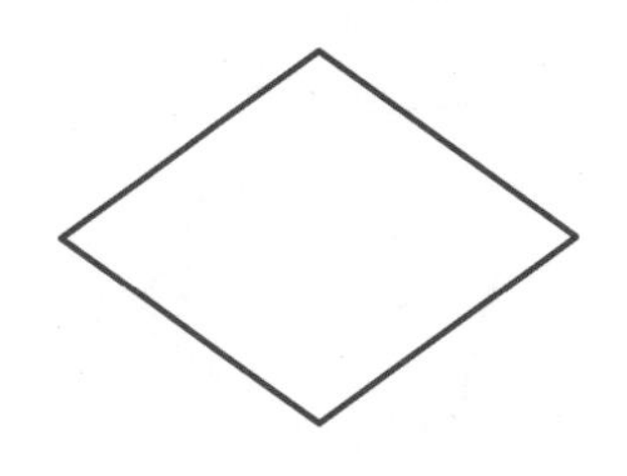

_____ 개

대각선①

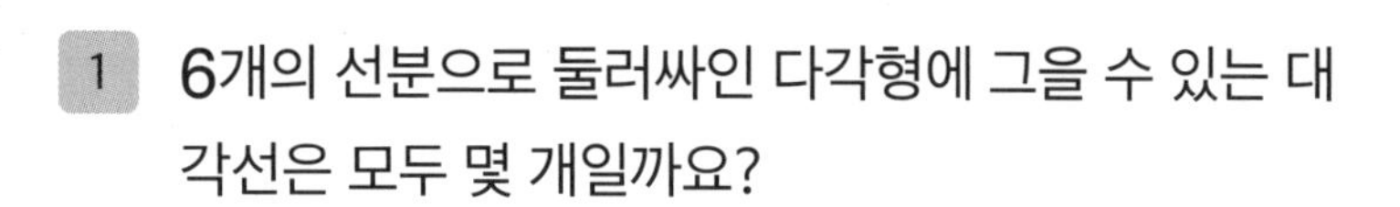

1 6개의 선분으로 둘러싸인 다각형에 그을 수 있는 대각선은 모두 몇 개일까요?

답

2 8개의 선분으로 둘러싸인 다각형에 그을 수 있는 대각선은 모두 몇 개일까요?

답

3 두 도형에 그을 수 있는 대각선 수의 합을 구하세요.

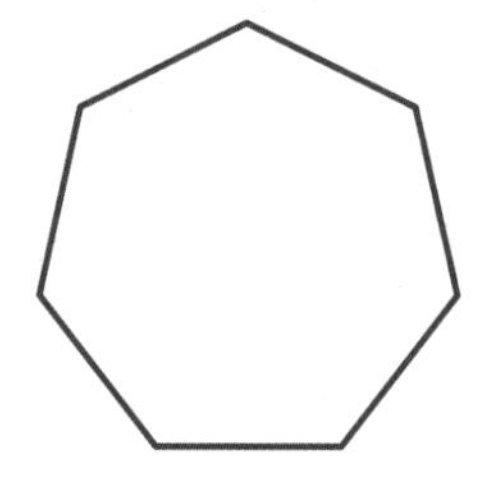

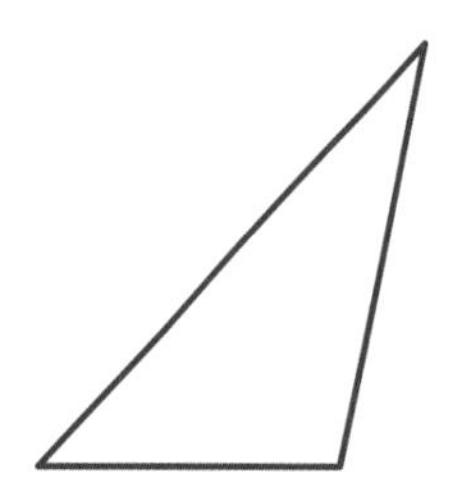

답

4 두 도형에 그을 수 있는 대각선 수의 차를 구하세요.

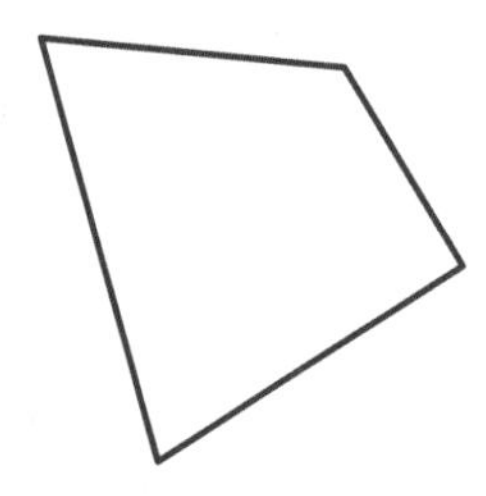

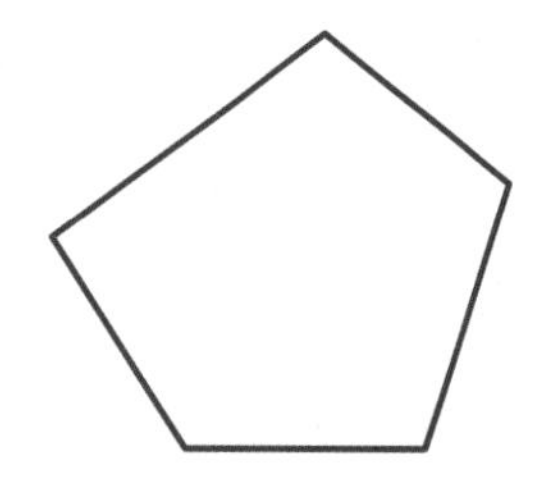

답

대각선② 대각선의 길이

□ 안에 알맞은 수를 쓰세요.

1 직사각형

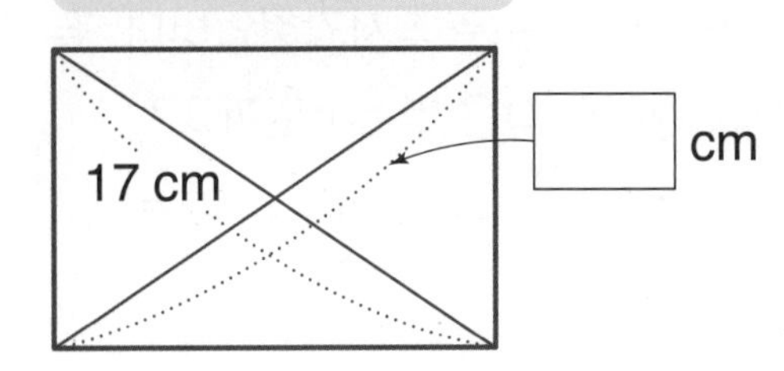

2 정사각형

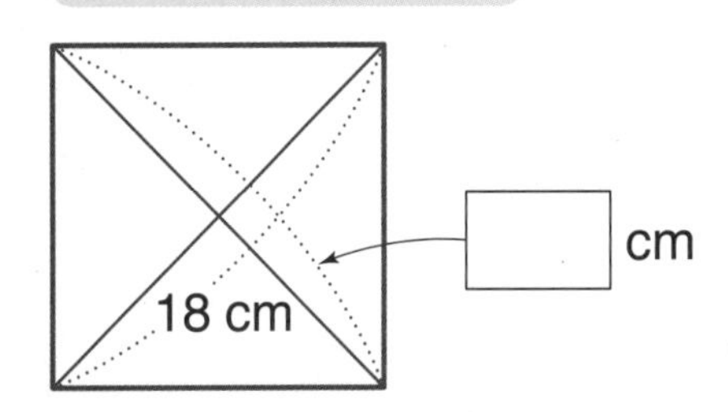

3 정사각형

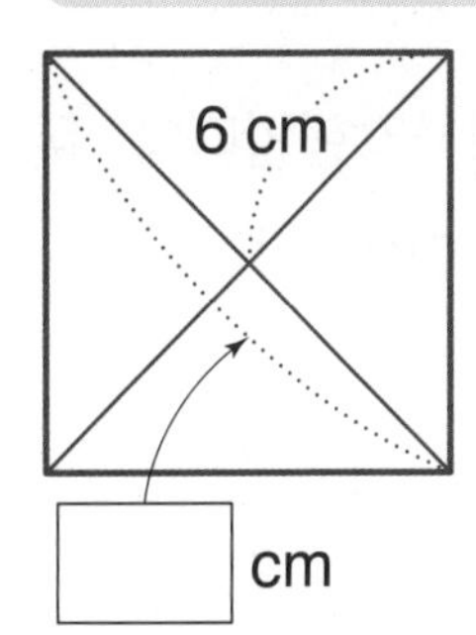

4 직사각형

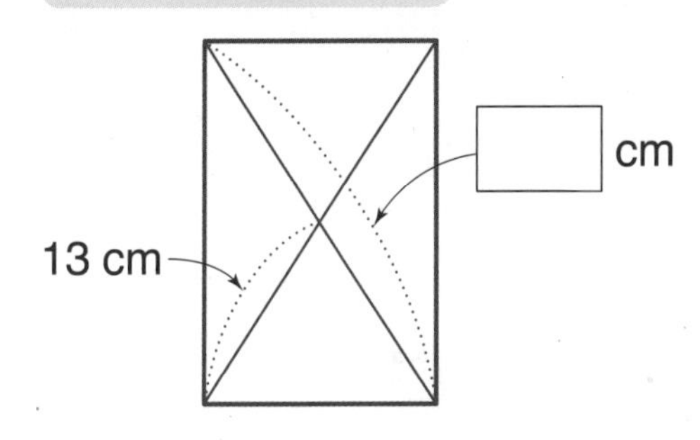

5 평행사변형

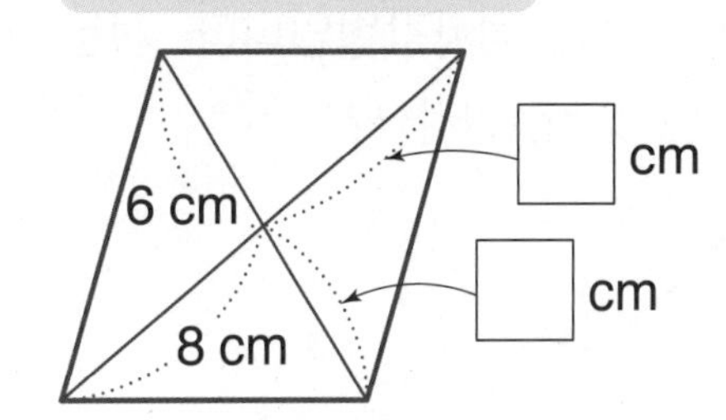

6 마름모

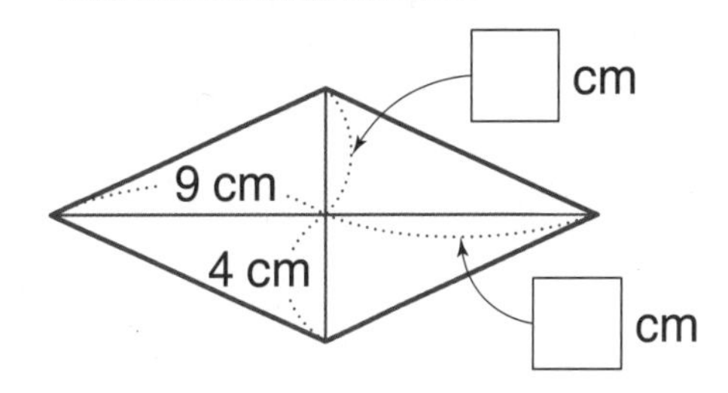

7 평행사변형

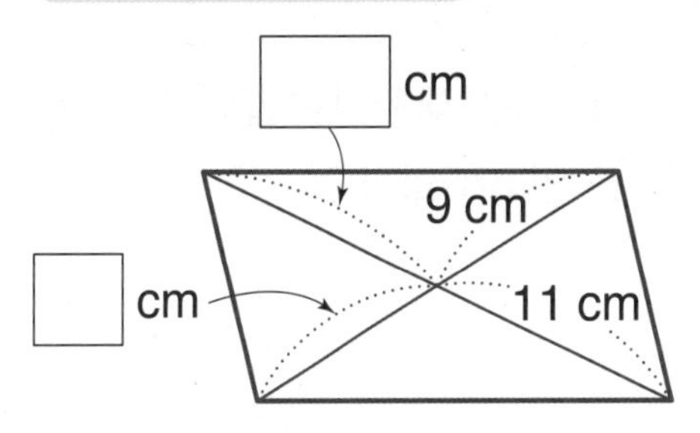

8 마름모

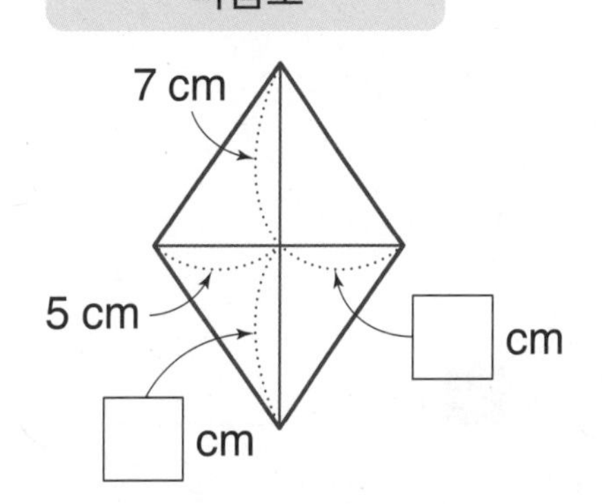

대각선②

| 사각형의 대각선 |

1 사각형 ㄱㄴㄷㄹ은 정사각형입니다. 선분 ㄴㅁ의 길이는 몇 cm일까요?

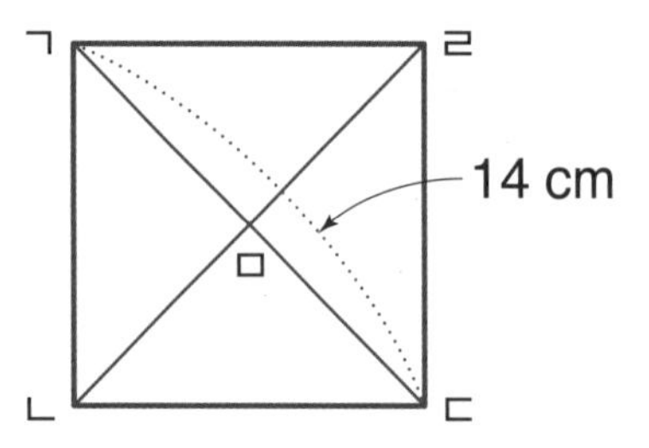

답 ________

2 사각형 ㄱㄴㄷㄹ은 직사각형입니다. 선분 ㄴㅁ의 길이는 몇 cm일까요?

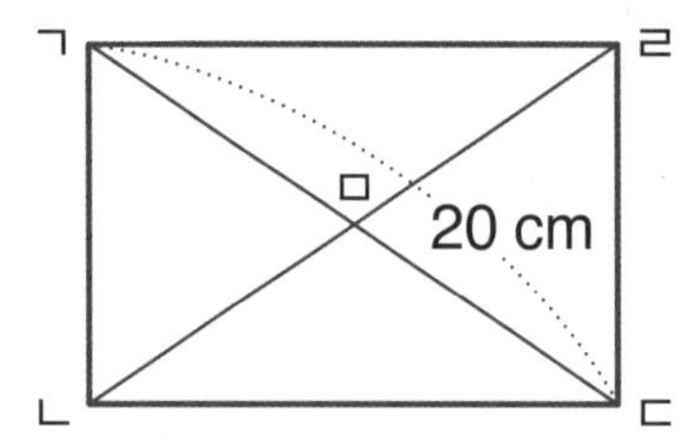

답 ________

3 사각형 ㄱㄴㄷㄹ은 직사각형입니다. 두 대각선의 길이의 합은 몇 cm일까요?

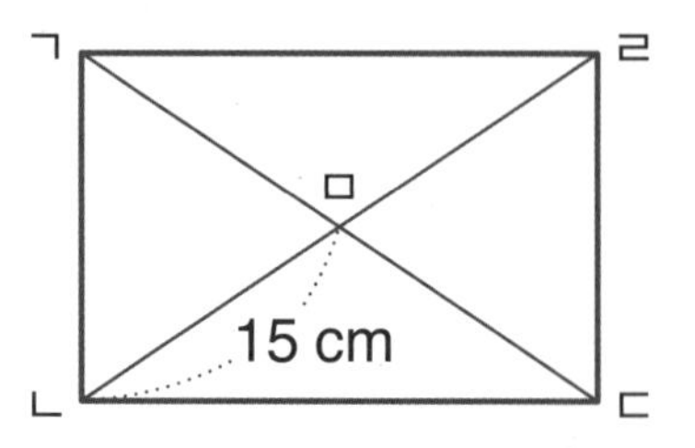

답 ________

4 사각형 ㄱㄴㄷㄹ은 정사각형입니다. 두 대각선의 길이의 합은 몇 cm일까요?

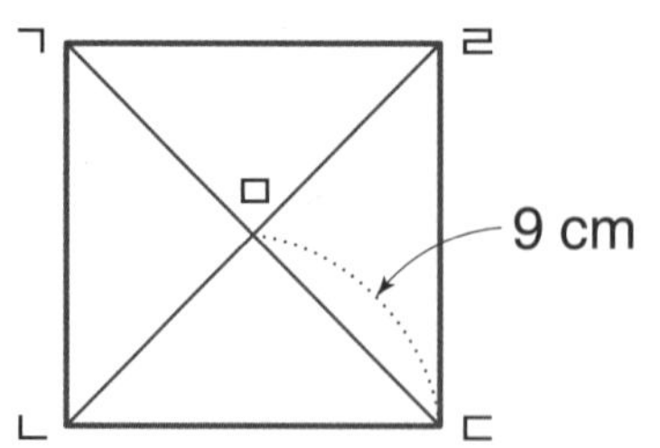

답 ________

DAY 50

마무리 확인

연산 평가 up

1 다각형이면 ○표, 다각형이 아니면 ×표 하세요.

(1) 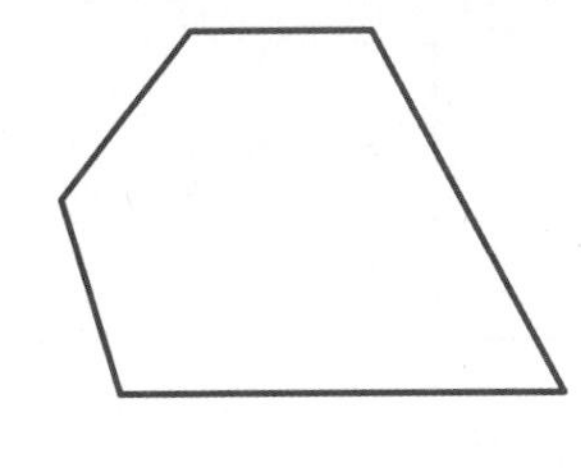

( )

(2) 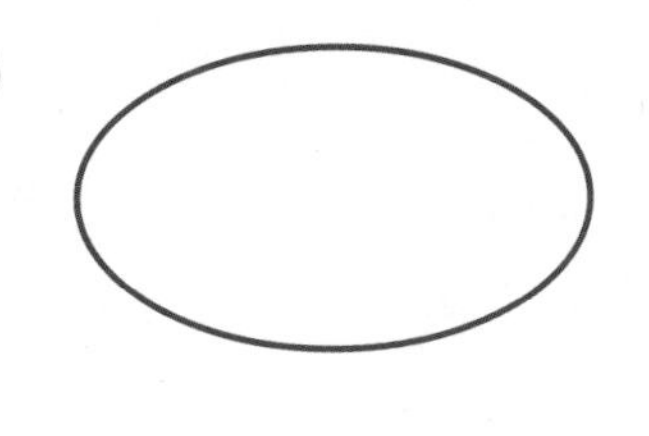

( )

(3) 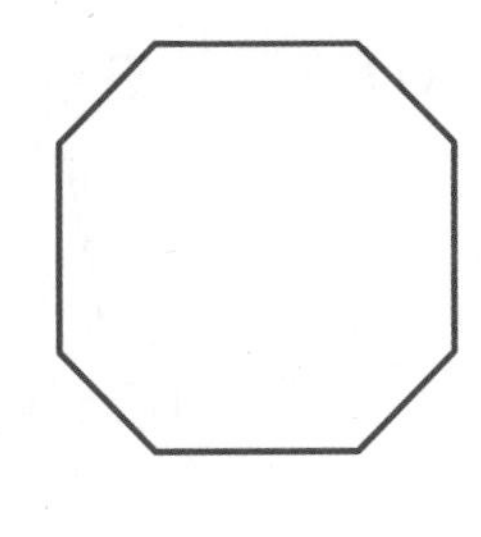

( )

(4) 

( )

(5) 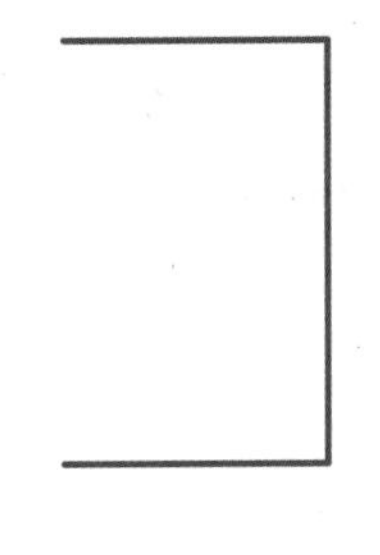

( )

(6) 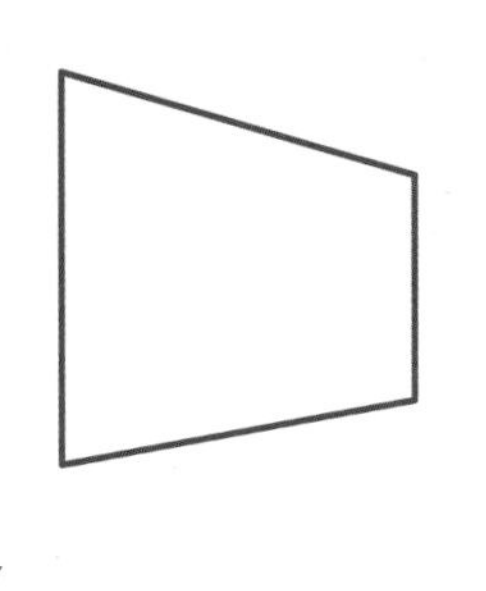

( )

2 다각형의 이름을 쓰세요.

(1) 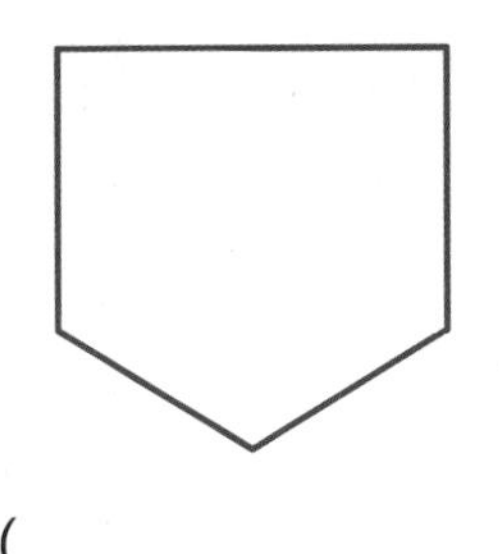

( )

(2) 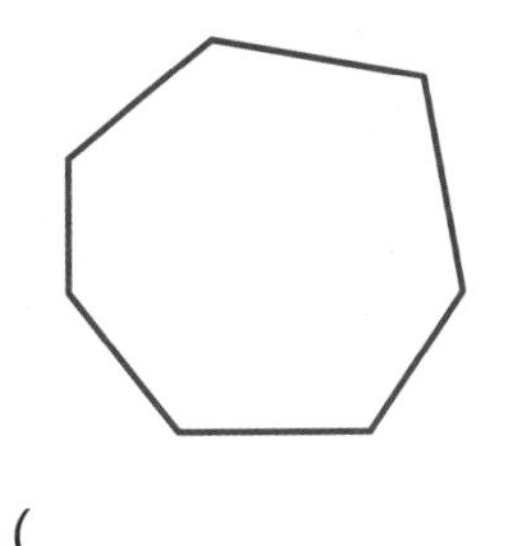

( )

(3) 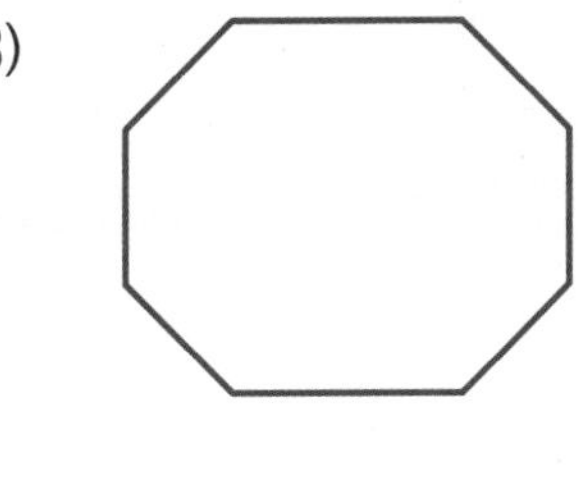

( )

3 도형에 대각선을 모두 긋고, 대각선의 수를 쓰세요.

(1) 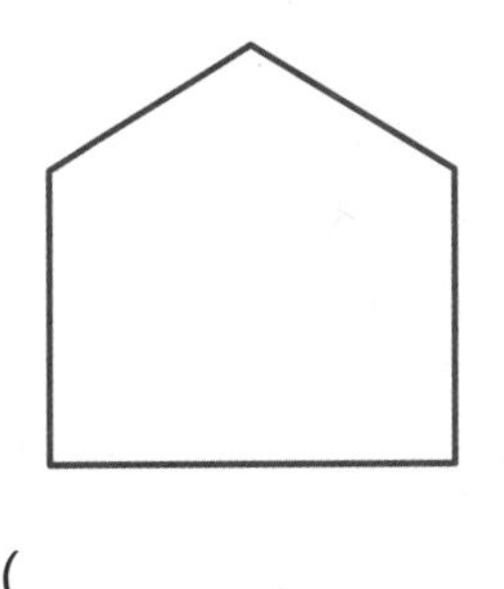

( )

(2) 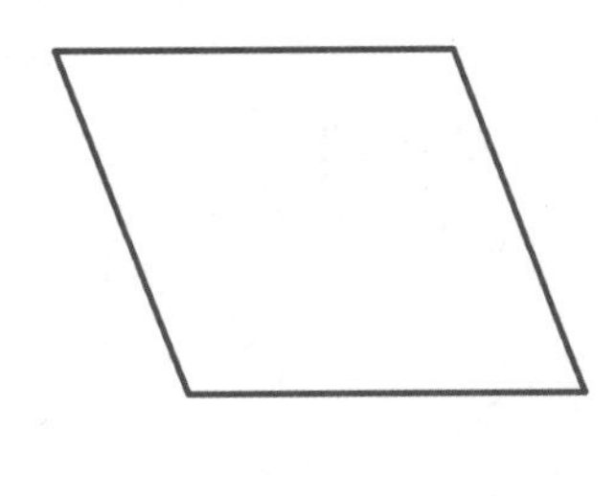

( )

(3) 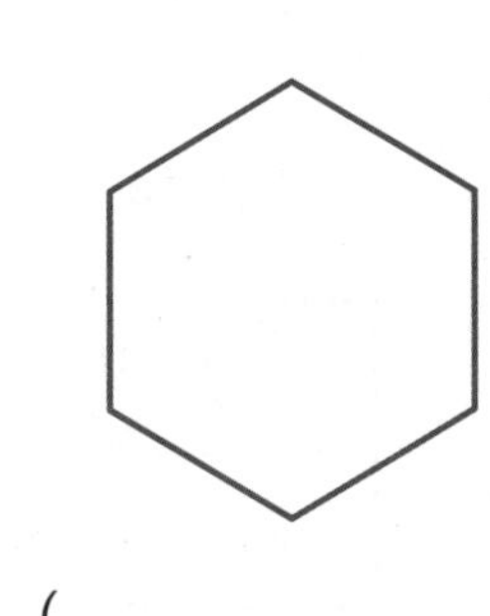

( )

4 정다각형입니다. □ 안에 알맞은 수를 쓰세요.

(1)

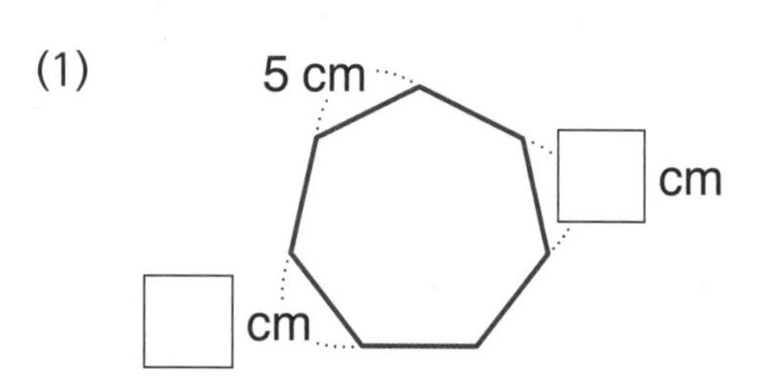

(2)

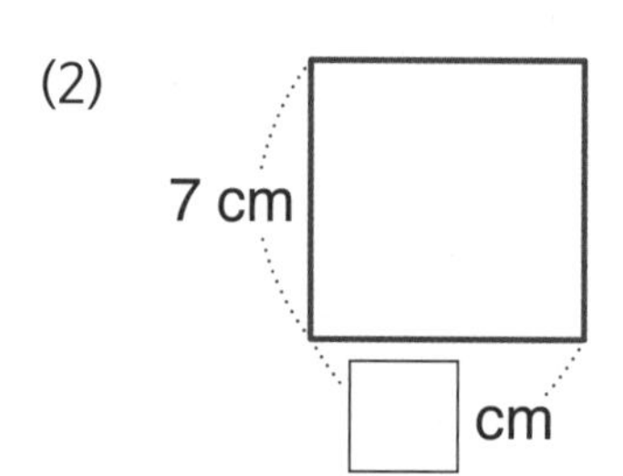

(3)

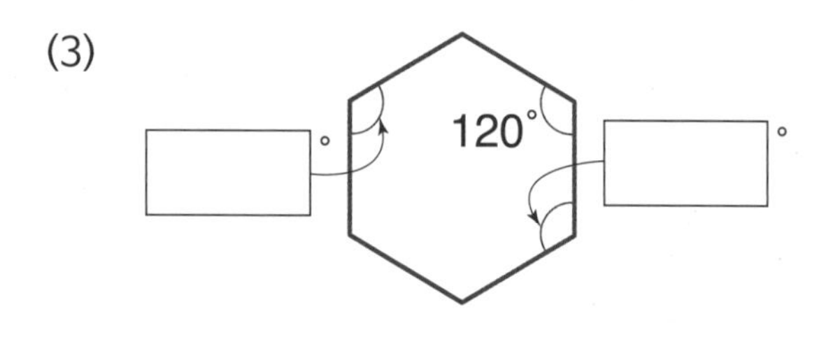

(4)

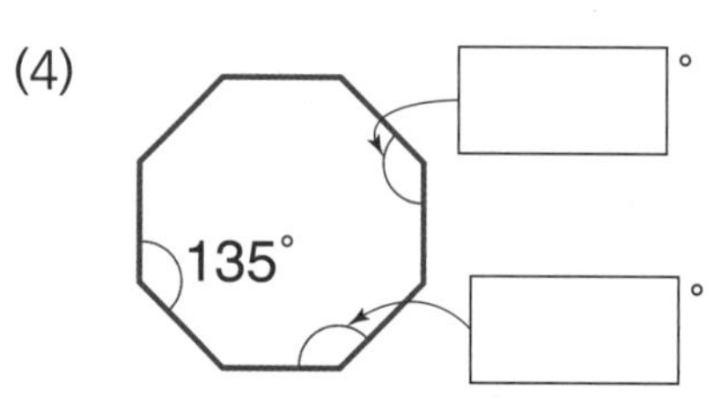

5 오른쪽 사각형 ㄱㄴㄷㄹ은 정사각형입니다. 선분 ㄴㅁ의 길이는 몇 cm일까요?

( )

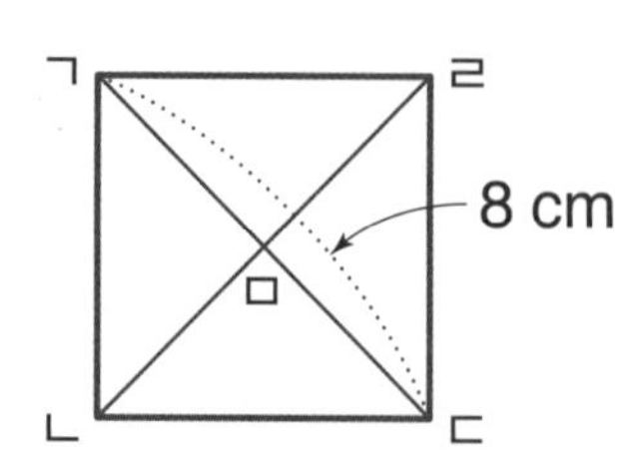

6 오각형과 칠각형에 그을 수 있는 대각선 수의 차를 구하세요.

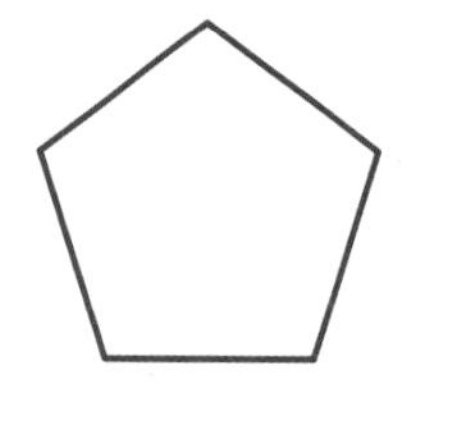

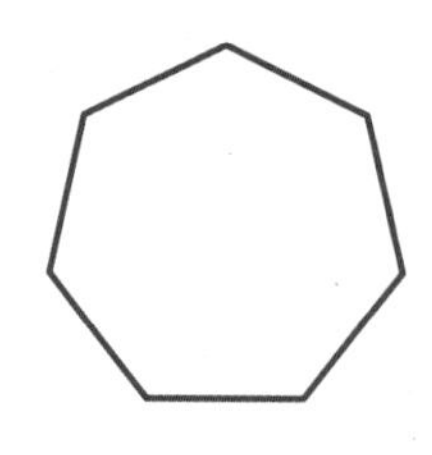

( )

7 직사각형입니다. □ 안에 알맞은 수를 쓰세요.

(1)

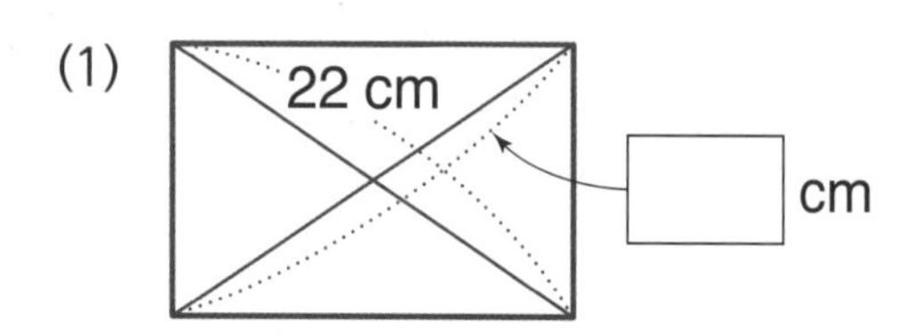

(2)

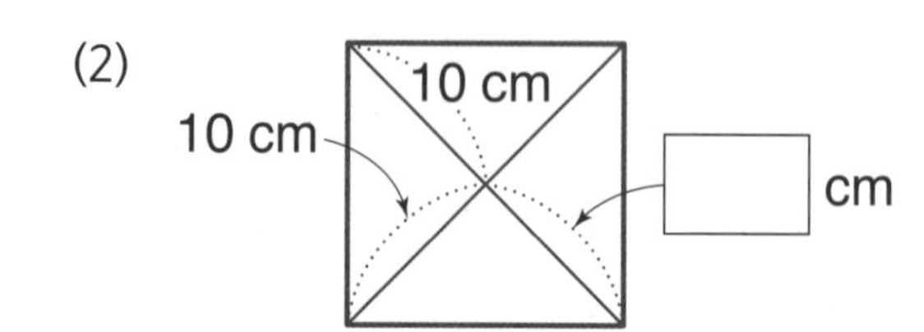

• 메모 •

• 메모 •

다음 단계로
넘어갈까요?
화이팅!

앗!

본책의 정답과 풀이를 분실하셨나요?
길벗스쿨 홈페이지에 들어오시면 내려받으실 수 있습니다.
https://school.gilbut.co.kr/

기적의 계산법 응용 up

정답과 풀이

초등 4학년 8권

8권

01 분수의 덧셈과 뺄셈

DAY 1

11쪽
12쪽

연산 UP

1. $\frac{3}{5}$
2. $\frac{8}{11}$
3. $\frac{7}{12}$
4. $\frac{6}{8}$
5. $\frac{4}{7}$
6. $\frac{7}{10}$
7. $\frac{14}{17}$
8. $1\frac{2}{5}$
9. $1\frac{1}{4}$
10. $1\frac{2}{7}$
11. $1\frac{4}{8}$
12. $1\frac{2}{18}$
13. $1\frac{9}{20}$
14. $1\frac{5}{10}$

응용 UP

1. $\frac{4}{6}$시간
2. $\frac{10}{13}$ m
3. $\frac{6}{8}$
4. $\frac{5}{7}$

응용 UP 2 $\frac{5}{13}+\frac{5}{13}=\frac{10}{13}$ (m)　3 $\frac{4}{8}+\frac{2}{8}=\frac{6}{8}$　4 $\frac{3}{7}+\frac{2}{7}=\frac{5}{7}$

DAY 2

13쪽
14쪽

연산 UP

1. $5\frac{3}{4}$
2. $3\frac{5}{7}$
3. $5\frac{2}{3}$
4. $4\frac{4}{5}$
5. $3\frac{5}{16}$
6. $4\frac{5}{6}$
7. $5\frac{9}{14}$
8. $6\frac{4}{8}$
9. $5\frac{1}{3}$
10. $6\frac{2}{13}$
11. $11\frac{1}{4}$
12. $9\frac{1}{14}$
13. $11\frac{2}{5}$
14. $16\frac{3}{6}$

응용 UP

1. $2\frac{4}{10}$
2. $2\frac{3}{10}$
3. $3\frac{2}{10}$

응용 UP 1 $1\frac{1}{10}+1\frac{3}{10}=2\frac{4}{10}$ (km)　2 $\frac{7}{10}+1\frac{6}{10}=1\frac{13}{10}=2\frac{3}{10}$ (km)　3 $1\frac{2}{10}+2=3\frac{2}{10}$ (km)

DAY 3

15쪽
16쪽

연산 UP

1 $\frac{12}{25}$

2 $\frac{17}{18}$

3 $\frac{6}{16}$

4 $4\frac{1}{4}$

5 $3\frac{20}{31}$

6 6

7 $5\frac{1}{11}$

8 $12\frac{2}{14}$

9 $16\frac{4}{7}$

10 $10\frac{2}{15}$

11 $15\frac{3}{13}$

12 $18\frac{5}{11}$

13 $12\frac{4}{8}$

14 $22\frac{2}{9}$

응용 UP

1 2박자

2 4박자

3 2박자

4 3박자

응용 UP

1 $\frac{8}{16}+\frac{8}{16}+1=\frac{16}{16}+1=2$

2 $\frac{8}{16}+\frac{8}{16}+2+1=\frac{16}{16}+2+1=4$

3 $\frac{4}{16}+\frac{4}{16}+\frac{8}{16}+1=\frac{8}{16}+\frac{8}{16}+1=\frac{16}{16}+1=2$

4 $\frac{4}{16}+\frac{4}{16}+1+1\frac{8}{16}=\frac{8}{16}+1+1\frac{8}{16}=2\frac{16}{16}=3$

DAY 4

17쪽
18쪽

연산 UP

1 $\frac{5}{6}$

2 $\frac{7}{13}$

3 $1\frac{2}{16}$

4 $1\frac{2}{4}$

5 $1\frac{6}{12}$

6 $4\frac{6}{9}$

7 3

8 $6\frac{6}{9}$

9 $9\frac{11}{17}$

10 $7\frac{9}{13}$

11 $4\frac{1}{12}$

12 $7\frac{7}{16}$

13 $15\frac{5}{8}$

14 $13\frac{1}{16}$

응용 UP

1 1 L

2 $3\frac{4}{10}$ 시간

3 $13\frac{7}{19}$ kg

4 $19\frac{5}{8}$ L

응용 UP

2 (동화책을 읽은 시간)$=1\frac{4}{10}+\frac{6}{10}=1\frac{10}{10}=2$(시간) → $1\frac{4}{10}+2=3\frac{4}{10}$ (시간)

3 (복숭아 한 상자의 무게)$=5\frac{6}{19}+2\frac{14}{19}=7\frac{20}{19}=8\frac{1}{19}$ (kg) → $5\frac{6}{19}+8\frac{1}{19}=13\frac{7}{19}$ (kg)

4 (㉯ 물통에 들어 있는 물의 양)$=9\frac{3}{8}+\frac{7}{8}=9\frac{10}{8}=10\frac{2}{8}$ (L) → $9\frac{3}{8}+10\frac{2}{8}=19\frac{5}{8}$ (L)

DAY 5

19쪽
20쪽

연산 UP

1 $\frac{3}{16}$

2 $\frac{5}{15}$

3 $\frac{2}{7}$

4 $\frac{2}{9}$

5 $\frac{5}{18}$

6 $\frac{3}{10}$

7 $\frac{6}{17}$

8 $\frac{4}{11}$

9 $\frac{1}{4}$

10 $\frac{2}{12}$

11 $\frac{2}{5}$

12 $\frac{1}{6}$

13 $\frac{8}{13}$

14 $\frac{5}{14}$

응용 UP

1 $\frac{2}{7}$ L

2 $\frac{1}{10}$ m

3 $\frac{9}{15}$ kg

4 $\frac{4}{20}$ m

응용 UP 1 $\frac{4}{7}-\frac{2}{7}=\frac{2}{7}$ (L)

2 $\frac{7}{10}-\frac{6}{10}=\frac{1}{10}$ (m)

3 $\frac{14}{15}-\frac{5}{15}=\frac{9}{15}$ (kg)

4 $\frac{11}{20}-\frac{7}{20}=\frac{4}{20}$ (m)

DAY 6

21쪽
22쪽

연산 UP

1 $2\frac{3}{5}$

2 $2\frac{2}{4}$

3 $5\frac{5}{9}$

4 $3\frac{3}{6}$

5 $1\frac{3}{10}$

6 $2\frac{1}{4}$

7 $2\frac{3}{7}$

8 $2\frac{7}{8}$

9 $2\frac{10}{12}$

10 $1\frac{3}{4}$

11 $1\frac{5}{6}$

12 $2\frac{6}{7}$

13 $2\frac{6}{8}$

14 $1\frac{13}{15}$

응용 UP

1 식 $5\frac{22}{23}-1\frac{2}{23}=4\frac{20}{23}$ 답 $4\frac{20}{23}$

2 식 $7\frac{18}{20}-5\frac{2}{20}=2\frac{16}{20}$ 답 $2\frac{16}{20}$

3 식 $2\frac{2}{16}-1\frac{11}{16}=\frac{7}{16}$ 답 $\frac{7}{16}$

4 식 $4\frac{9}{55}-2\frac{53}{55}=1\frac{11}{55}$ 답 $1\frac{11}{55}$

응용 UP 1 2 계산 결과가 가장 크려면 빼어지는 수는 가장 크게, 빼는 수는 가장 작게 만들어야 합니다.

3 4 계산 결과가 가장 작으려면 빼어지는 수는 가장 작게, 빼는 수는 가장 크게 만들어야 합니다.

DAY 7

23쪽
24쪽

연산 UP

1 $2\frac{1}{4}$

2 $3\frac{6}{12}$

3 $6\frac{6}{8}$

4 $4\frac{3}{9}$

5 $9\frac{2}{7}$

6 $13\frac{5}{9}$

7 $16\frac{7}{15}$

8 $2\frac{5}{19}$

9 $4\frac{3}{5}$

10 $2\frac{5}{8}$

11 $3\frac{9}{17}$

12 $4\frac{11}{13}$

13 $5\frac{4}{10}$

14 $10\frac{9}{18}$

응용 UP

1 $4\frac{1}{5}$

2 $3\frac{4}{10}$

3 $1\frac{1}{15}$

4 $\frac{6}{13}$

응용 UP 1 (빈 상자의 무게)$=8-$(사과 20개의 무게)$=8-3\frac{4}{5}=7\frac{5}{5}-3\frac{4}{5}=4\frac{1}{5}$ (kg)

2 (빈 상자의 무게)$=7-$(배 10개의 무게)$=7-3\frac{6}{10}=6\frac{10}{10}-3\frac{6}{10}=3\frac{4}{10}$ (kg)

3 (수박 2개의 무게)$=7\frac{7}{15}+7\frac{7}{15}=14\frac{14}{15}$ (kg)

(빈 상자의 무게)$=16-14\frac{14}{15}=15\frac{15}{15}-14\frac{14}{15}=1\frac{1}{15}$ (kg)

4 (토마토 15개의 무게)$=1\frac{11}{13}+1\frac{11}{13}+1\frac{11}{13}=3\frac{33}{13}=5\frac{7}{13}$ (kg)

(빈 상자의 무게)$=6-5\frac{7}{13}=5\frac{13}{13}-5\frac{7}{13}=\frac{6}{13}$ (kg)

DAY 8

25쪽
26쪽

연산 UP

1 $7\frac{4}{8}$

2 $4\frac{7}{13}$

3 $16\frac{11}{18}$

4 $14\frac{11}{13}$

5 $7\frac{6}{11}$

6 $1\frac{1}{5}$

7 $3\frac{2}{9}$

8 $9\frac{1}{7}$

9 $5\frac{4}{7}$

10 $7\frac{2}{4}$

11 $15\frac{8}{14}$

12 $12\frac{5}{10}$

13 $6\frac{1}{4}$

14 $7\frac{8}{11}$

응용 UP

1 $2\frac{5}{8}$

2 $2\frac{5}{9}$

3 $5\frac{28}{35}$

4 $3\frac{9}{10}$

5 $1\frac{18}{21}$

6 $5\frac{7}{14}$

7 $3\frac{3}{4}$

8 $2\frac{18}{20}$

DAY 9

27쪽
28쪽

연산 UP

1 $\frac{1}{9}$

2 $\frac{8}{13}$

3 $4\frac{7}{10}$

4 $3\frac{4}{9}$

5 $3\frac{5}{8}$

6 $1\frac{3}{8}$

7 $6\frac{6}{7}$

8 $2\frac{3}{8}$

9 $3\frac{9}{17}$

10 $4\frac{1}{6}$

11 $4\frac{6}{9}$

12 $5\frac{4}{10}$

13 $5\frac{3}{9}$

14 $3\frac{14}{17}$

응용 UP

1 $3\frac{9}{15}$ cm

2 $3\frac{22}{25}$ kg

3 $\frac{30}{50}$ kg

응용 UP

1 $11\frac{4}{15}-5\frac{3}{15}-2\frac{7}{15}=6\frac{1}{15}-2\frac{7}{15}=5\frac{16}{15}-2\frac{7}{15}=3\frac{9}{15}$ (cm)

2 $10-3\frac{5}{25}-2\frac{23}{25}=9\frac{25}{25}-3\frac{5}{25}-2\frac{23}{25}=6\frac{20}{25}-2\frac{23}{25}=5\frac{45}{25}-2\frac{23}{25}=3\frac{22}{25}$ (kg)

3 $8\frac{22}{50}-3\frac{17}{50}-4\frac{25}{50}=5\frac{5}{50}-4\frac{25}{50}=4\frac{55}{50}-4\frac{25}{50}=\frac{30}{50}$ (kg)

DAY 10

29쪽
30쪽

연산 UP

1 $\frac{14}{25}$

2 $1\frac{3}{11}$

3 $15\frac{9}{10}$

4 $13\frac{16}{20}$

5 $13\frac{1}{16}$

6 $18\frac{5}{10}$

7 $13\frac{7}{13}$

8 $\frac{3}{11}$

9 $\frac{5}{8}$

10 $5\frac{1}{10}$

11 $4\frac{6}{16}$

12 $2\frac{4}{6}$

13 $2\frac{18}{19}$

14 $\frac{15}{17}$

응용 UP

1 $3\frac{11}{20}-2\frac{17}{20}=\frac{71}{20}-\frac{19}{20}=\frac{52}{20}=2\frac{12}{20}$

$3\frac{11}{20}-2\frac{17}{20}=\frac{71}{20}-\frac{57}{20}=\frac{14}{20}$

2 $4\frac{5}{16}+1\frac{13}{16}=\frac{84}{16}+\frac{29}{16}=\frac{113}{16}=7\frac{1}{16}$

$4\frac{5}{16}+1\frac{13}{16}=\frac{69}{16}+\frac{29}{16}=\frac{98}{16}=6\frac{2}{16}$

3 $5\frac{9}{13}-2\frac{7}{13}=(5-2)-(\frac{9}{13}-\frac{7}{13})=3-\frac{2}{13}=2\frac{13}{13}-\frac{2}{13}=2\frac{11}{13}$

$5\frac{9}{13}-2\frac{7}{13}=(5-2)+(\frac{9}{13}-\frac{7}{13})=3+\frac{2}{13}=3\frac{2}{13}$

DAY 11

31쪽 32쪽

연산 UP

1 $\frac{15}{20}$

2 $1\frac{3}{6}$

3 $3\frac{3}{7}$

4 $15\frac{9}{10}$

5 $21\frac{5}{15}$

6 $8\frac{3}{11}$

7 $16\frac{22}{24}$

8 $\frac{2}{18}$

9 $\frac{13}{33}$

10 $2\frac{3}{8}$

11 $3\frac{5}{14}$

12 $5\frac{5}{6}$

13 $1\frac{15}{17}$

14 $4\frac{2}{12}$

응용 UP

1 $7\frac{9}{17}$ cm

2 $7\frac{11}{13}$ cm

3 13 cm

4 7 cm

응용 UP

1 $4\frac{6}{17}+4\frac{6}{17}-1\frac{3}{17}=7\frac{9}{17}$ (cm)

2 $5\frac{2}{13}+5\frac{2}{13}-2\frac{6}{13}=7\frac{11}{13}$ (cm)

3 $7\frac{15}{20}+8\frac{16}{20}-3\frac{11}{20}=15\frac{31}{20}-3\frac{11}{20}$
$=12\frac{20}{20}=13$ (cm)

4 $3\frac{7}{11}+6\frac{3}{11}-2\frac{10}{11}=7$ (cm)

DAY 12

33쪽 34쪽

연산 UP

1 $8\frac{5}{20}$

2 $9\frac{2}{12}$

3 $3\frac{8}{15}$

4 $9\frac{3}{9}$

5 $8\frac{4}{11}$

바로 개념 7−4, 3 / 7−3, 4 / 4+3, 7

6 $9\frac{7}{14}$

7 $7\frac{5}{7}$

8 $6\frac{6}{13}$

9 $4\frac{6}{8}$

응용 UP

1 4

2 $1\frac{19}{22}$

3 $3\frac{6}{13}$

4 $6\frac{19}{25}$

응용 UP

2 $\square+1\frac{6}{22}=3\frac{3}{22} \rightarrow \square=3\frac{3}{22}-1\frac{6}{22}=2\frac{25}{22}-1\frac{6}{22}=1\frac{19}{22}$

3 $\square+2\frac{9}{13}=8\frac{11}{13} \rightarrow \square=8\frac{11}{13}-2\frac{9}{13}=6\frac{2}{13}$

바르게 계산하면 $6\frac{2}{13}-2\frac{9}{13}=5\frac{15}{13}-2\frac{9}{13}=3\frac{6}{13}$입니다.

4 $\square+20\frac{2}{25}=24\frac{1}{25} \rightarrow \square=24\frac{1}{25}-20\frac{2}{25}=23\frac{26}{25}-20\frac{2}{25}=3\frac{24}{25}$

바르게 계산하면 $3\frac{24}{25}+2\frac{20}{25}=5\frac{44}{25}=6\frac{19}{25}$입니다.

DAY 13

35쪽
36쪽

연산 UP

1 $11\frac{6}{16}$
2 $7\frac{8}{11}$
3 $12\frac{4}{14}$
4 $4\frac{10}{20}$
5 $4\frac{2}{16}$
6 $4\frac{6}{10}$
7 $8\frac{6}{7}$
8 $6\frac{8}{12}$
9 6
10 $8\frac{4}{8}$

응용 UP

1 $4\frac{4}{13}$
2 $3\frac{10}{50}$
3 $1\frac{11}{24}$
4 $2\frac{10}{27}$
5 $7\frac{9}{13}$
6 $1\frac{27}{39}$

응용 UP

1 $\square-\frac{5}{13}=3\frac{12}{13} \rightarrow \square=3\frac{12}{13}+\frac{5}{13}=3\frac{17}{13}=4\frac{4}{13}$

2 $\square-\frac{27}{50}=2\frac{33}{50} \rightarrow \square=2\frac{33}{50}+\frac{27}{50}=2\frac{60}{50}=3\frac{10}{50}$

3 $\square+3\frac{18}{24}=5\frac{5}{24} \rightarrow \square=5\frac{5}{24}-3\frac{18}{24}=4\frac{29}{24}-3\frac{18}{24}=1\frac{11}{24}$

4 $4\frac{17}{27}-\square=2\frac{7}{27} \rightarrow \square=4\frac{17}{27}-2\frac{7}{27}=2\frac{10}{27}$

5 $22\frac{11}{13}+\square=30\frac{7}{13} \rightarrow \square=30\frac{7}{13}-22\frac{11}{13}=29\frac{20}{13}-22\frac{11}{13}=7\frac{9}{13}$

6 $5\frac{16}{39}-\square=3\frac{28}{39} \rightarrow \square=5\frac{16}{39}-3\frac{28}{39}=4\frac{55}{39}-3\frac{28}{39}=1\frac{27}{39}$

DAY 14

37쪽
38쪽

1 (1) $\frac{4}{12}$ (2) $\frac{3}{9}$ (3) $6\frac{9}{18}$ (4) $8\frac{5}{7}$ (5) 1 (6) $4\frac{1}{8}$ (7) $6\frac{3}{23}$ (8) $5\frac{13}{15}$

2 (1) $2\frac{8}{17}$ (2) $5\frac{1}{6}$ (3) $7\frac{11}{13}$ (4) $9\frac{1}{3}$

3 $4\frac{8}{12}$ L

4 $28\frac{4}{13}$ kg

5 $2\frac{8}{11}$ cm

6 식 $5\frac{11}{17}-2\frac{16}{17}=2\frac{12}{17}$ 답 $2\frac{12}{17}$

7 $7\frac{5}{8}$

2 (1) $\square=4\frac{16}{17}-2\frac{8}{17}=2\frac{8}{17}$ (2) $\square=13-7\frac{5}{6}=12\frac{6}{6}-7\frac{5}{6}=5\frac{1}{6}$

(3) $\square=4\frac{9}{13}+3\frac{2}{13}=7\frac{11}{13}$ (4) $\square=5\frac{2}{3}+3\frac{2}{3}=8\frac{4}{3}=9\frac{1}{3}$

6 $5\frac{11}{17}>4\frac{5}{17}>4\frac{3}{17}>3\frac{5}{17}>2\frac{16}{17}$

차가 가장 큰 뺄셈식: (가장 큰 수)−(가장 작은 수) → $5\frac{11}{17}-2\frac{16}{17}=4\frac{28}{17}-2\frac{16}{17}=2\frac{12}{17}$

7 $\square-5\frac{3}{8}=5\frac{7}{8} \rightarrow \square=5\frac{7}{8}+5\frac{3}{8}=10\frac{10}{8}=11\frac{2}{8}$, 바르게 계산하면 $11\frac{2}{8}-3\frac{5}{8}=10\frac{10}{8}-3\frac{5}{8}=7\frac{5}{8}$입니다.

02 소수

DAY 15

43쪽
44쪽

연산 UP

1 0.23

2 9.5

3 1.37

4 0.901

5 5.686

6 17.128

7 0.96

8 $\frac{37}{100}$

9 $\frac{278}{100}$

10 $\frac{388}{100}$

11 $\frac{41}{10}$

12 $\frac{6497}{1000}$

13 $\frac{1103}{1000}$

14 $\frac{915}{1000}$

응용 UP

(왼쪽에서부터)

1 0.93, 0.98

2 2.74, 2.79

3 5.121, 5.126

4 8.992, 8.997

응용 UP

1 0.1을 10칸으로 나누었으므로 눈금 한 칸의 크기는 0.01입니다.
0.9에서 0.03만큼 더 간 수는 0.93, 0.9에서 0.08만큼 더 간 수는 0.98입니다.

2 2.7에서 0.04만큼 더 간 수는 2.74, 2.7에서 0.09만큼 더 간 수는 2.79입니다.

3 0.01을 10칸으로 나누었으므로 눈금 한 칸의 크기는 0.001입니다.
5.12에서 0.001만큼 더 간 수는 5.121, 5.12에서 0.006만큼 더 간 수는 5.126입니다.

4 8.99에서 0.002만큼 더 간 수는 8.992, 8.99에서 0.007만큼 더 간 수는 8.997입니다.

DAY 16

45쪽
46쪽

연산 UP

1 이 점 구삼

2 사 점 칠오

3 십사 점 영육

4 삼 점 구영일

5 영 점 영삼육

6 십 점 일육칠

7 9.05

8 11.14

9 48.28

10 5.686

11 0.905

12 20.004

응용 UP

1 ╱, 구 점 팔

2 ○

3 ○

4 ○

5 ╱, 십이 점 영영칠

6 ╱, 오 점 오이

7 ╱, 칠십이 점 영일일

8 ○

9 ╱, 영 점 영일칠

10 ○

DAY 17

47쪽 48쪽

연산 UP

(위에서부터)

1. 1, 8, 7, 8 / 10, 8, 0.7, 0.08
2. 2, 0, 1, 7 / 20, 0, 0.1, 0.07
3. 6, 4, 9, 7 / 6, 0.4, 0.09, 0.007
4. 2, 4, 7, 0, 7 / 20, 4, 0.7, 0, 0.007

응용 UP

1. 8.76
2. 0.425
3. 3.65
4. 26.21
5. 15.68
6. 31.608

응용 UP

1
1이 8개 → 8
0.1이 7개 → 0.7
0.01이 6개 → 0.06
8.76

2
0.1이 4개 → 0.4
0.01이 2개 → 0.02
0.001이 5개 → 0.005
0.425

3
1이 3개 → 3
0.1이 6개 → 0.6
0.01이 5개 → 0.05
3.65

4
10이 2개 → 20
1이 6개 → 6
0.1이 2개 → 0.2
0.01이 1개 → 0.01
26.21

5
10이 1개 → 10
1이 5개 → 5
0.1이 6개 → 0.6
0.01이 8개 → 0.08
15.68

6
10이 3개 → 30
1이 1개 → 1
0.1이 6개 → 0.6
0.001이 8개 → 0.008
31.608

DAY 18

49쪽 50쪽

연산 UP

1. <
2. >
3. <
4. <
5. <
6. >
7. <
8. >
9. >
10. <
11. <
12. >
13. <
14. <

응용 UP

1. 민준
2. 사과
3. 백담사 코스
4. 도서관

응용 UP

1 $9.43<9.52$ ($4<5$)

2 $0.332<0.528$ ($3<5$)

3 $3.6<3.8<6.5$

4 $2.36<2.9<3.021$

DAY 19

51쪽
52쪽

연산 UP

1. 41.5
2. 0.57
3. 291.5
4. 5432.1
5. 8424
6. 15120
7. 4.09
8. 0.691
9. 0.051
10. 0.43
11. 0.0037
12. 0.006

응용 UP

1. 12 L
2. 0.5 kg
3. 20 L
4. 2.1097 km

응용 UP

2. 50의 $\frac{1}{100}$은 0.5
3. 0.2의 100배는 20
4. 21.097의 $\frac{1}{10}$은 2.1097

DAY 20

53쪽
54쪽

연산 UP

1. 578
2. 1700
3. 0.0406
4. 8.579
5. 0.085
6. 1200
7. 0.0873
8. 3790
9. 0.2037
10. 5500
11. 8990
12. 0.009

응용 UP

1. 지수
2. 무
3. 진성
4. 지선

응용 UP

1. 39.7 cm=0.397 m → 0.397>0.38
2. 2452 g=2.452 kg → 2.452<2.5
3. 3.75 km=3750 m → 3750>2950
4. 250 mL=0.25 L → 0.25<0.37

DAY 21

55쪽
56쪽

1 (1) 0.72 (2) 1.109 (3) $\frac{771}{100}$ (4) $\frac{9114}{1000}$

2 (1) 13.536 (2) 11.14

3 형섭, 이 점 이영칠

4 (위에서부터) 3, 5, 3, 8 / 3, 0.5, 0.03, 0.008

5 (1) 99.51, 구십구 점 오일 (2) 36.402, 삼십육 점 사영이

6 (수직선: 1.8, 1.85, 1.9, 1.95, 2 / 1.87, 1.92 표시) / <

7 ㉢

8 주황색 끈

5 (1)

10이 9개 →	90
1이 9개 →	9
0.1이 5개 →	0.5
0.01이 1개 →	0.01
	99.51

(2)

10이 3개 →	30
1이 6개 →	6
0.1이 4개 →	0.4
0.01이 2개 →	0.002
	36.402

6 0.1을 10칸으로 나누었으므로 눈금 한 칸의 크기는 0.01입니다.
1.87은 1.8에서 0.07만큼 더 간 수이고, 1.92는 1.9에서 0.02만큼 더 간 수입니다.

7 ㉡ 0.375 → 3.75 ㉢ 37.5 → 3750 ㉣ $\frac{375}{100}$=3.75 ㉤ 37.5 → 3.75 ㉥ 375 → 3.75

8 1.056 m=105.6 cm → 105.6<123

03 소수의 덧셈과 뺄셈

DAY 22

61쪽 62쪽

연산 UP

1	1.4	6	3.41	11	3.996
2	2.5	7	2.04	12	6.08
3	17.4	8	15.93	13	9.631
4	13.5	9	9.5	14	2.441
5	5	10	16.21	15	4.082

응용 UP

1 2.07 L
2 0.43 kg
3 4.756 cm
4 5.891 kg

응용 UP

1 $0.55+1.52=2.07$ (L)
2 $0.25+0.18=0.43$ (kg)
3 $1.687+3.069=4.756$ (cm)
4 $0.855+5.036=5.891$ (kg)

DAY 23

63쪽 64쪽

연산 UP

1	2.344	6	9.103	11	4.791
2	8.432	7	3.644	12	3.889
3	11.761	8	10.392	13	4.547
4	2.303	9	8.468	14	7.439
5	4.634	10	2.334	15	11.471

응용 UP

1 42.15 kg
2 3.54 L
3 2.452 km
4 70.335 g

응용 UP

1 $38.3+3.85=42.15$ (kg)
2 $2.34+1.2=3.54$ (L)
3 $0.47+1.982=2.452$ (km)
4 $50.25+20.085=70.335$ (g)

DAY 24

65쪽 66쪽

연산 UP

1 0.77	5 8.416	9 3.55
2 2.22	6 10.329	10 4.668
3 7.82	7 9.738	11 9.54
4 0.91	8 5.953	12 9.925

응용 UP

(왼쪽에서부터)

1 6, 4, 4	5 5, 7, 1, 7
2 7, 6, 2	6 5, 2, 7, 7
3 2, 6, 7	7 9, 4, 8, 8
4 5, 7, 1	8 2, 4, 8, 5

응용 UP

1 소수 둘째 자리: $8+6=14 \rightarrow \square=4$
소수 첫째 자리: $1+\square+7=12 \rightarrow \square=4$
일의 자리: $1+1+4=\square \rightarrow \square=6$

2 소수 둘째 자리: $2+0=\square \rightarrow \square=2$
소수 첫째 자리: $\square+9=15 \rightarrow \square=6$
일의 자리: $1+3+3=\square \rightarrow \square=7$

3 소수 둘째 자리: $0+7=\square \rightarrow \square=7$
소수 첫째 자리: $\square+5=11 \rightarrow \square=6$
일의 자리: $1+5+\square=8 \rightarrow \square=2$

4 소수 둘째 자리: $6+5=11 \rightarrow \square=1$
소수 첫째 자리: $1+9+\square=17 \rightarrow \square=7$
일의 자리: $1+\square+3=9 \rightarrow \square=5$

5 소수 셋째 자리: $0+7=\square \rightarrow \square=7$
소수 둘째 자리: $9+\square=10 \rightarrow \square=1$
소수 첫째 자리: $1+0+\square=8 \rightarrow \square=7$
일의 자리: $\square+2=7 \rightarrow \square=5$

6 소수 셋째 자리: $8+\square=15 \rightarrow \square=7$
소수 둘째 자리: $1+5+\square=13 \rightarrow \square=7$
소수 첫째 자리: $1+\square+0=3 \rightarrow \square=2$
일의 자리: $1+4=\square \rightarrow \square=5$

7 소수 셋째 자리: $\square+0=8 \rightarrow \square=8$
소수 둘째 자리: $5+\square=13 \rightarrow \square=8$
소수 첫째 자리: $1+7+\square=12 \rightarrow \square=4$
일의 자리: $1+6+2=\square \rightarrow \square=9$

8 소수 셋째 자리: $0+5=\square \rightarrow \square=5$
소수 둘째 자리: $0+\square=8 \rightarrow \square=8$
소수 첫째 자리: $8+\square=12 \rightarrow \square=4$
일의 자리: $1+\square+3=6 \rightarrow \square=2$

DAY 25

67쪽 68쪽

연산 UP

1 4.29	5 4.96	9 8.157
2 6.13	6 5.23	10 14.983
3 16.41	7 14.969	11 9.47
4 5.51	8 11.727	12 8.646

응용 UP

1 36.552
2 88.888
3 21.911
4 104.5

응용 UP

1 가장 큰 소수 세 자리 수: 9.762
가장 작은 소수 두 자리 수: 26.79
$\rightarrow 9.762+26.79=36.552$

2 가장 큰 소수 두 자리 수: 85.43
가장 작은 소수 세 자리 수: 3.458
$\rightarrow 85.43+3.458=88.888$

3 가장 큰 소수 세 자리 수: 9.421
가장 작은 소수 두 자리 수: 12.49
$\rightarrow 9.421+12.49=21.911$

4 가장 큰 소수 두 자리 수: 74.03
가장 작은 소수 두 자리 수: 30.47
$\rightarrow 74.03+30.47=104.5$

DAY 26

69쪽 70쪽

연산 UP

1 1.6	6 0.19	11 4.781
2 1.8	7 0.66	12 1.798
3 1.6	8 0.18	13 2.189
4 2.5	9 0.38	14 4.091
5 7.6	10 3.63	15 2.579

응용 UP

1 2.36 m
2 1.47 kg
3 36.858 kg
4 1.253 km

응용 UP

1 5.53−3.17=2.36 (m)
2 3.25−1.78=1.47 (kg)
3 42.613−5.755=36.858 (kg)
4 1.772−0.519=1.253 (km)

DAY 27

71쪽 72쪽

연산 UP

1 1.07	6 3.51	11 0.82
2 0.42	7 1.63	12 0.503
3 0.98	8 3.61	13 40.86
4 0.535	9 3.276	14 0.571
5 4.2	10 3.832	15 1.56

응용 UP

1 2.72 kg
2 0.44 km
3 5.393 kg
4 13.72 L

응용 UP

1 3.5−0.78=2.72 (kg)
2 3−2.56=0.44 (km)
3 6.94−1.547=5.393 (kg)
4 15.42−1.7=13.72 (L)

DAY 28

73쪽 74쪽

연산 UP

1 0.15	5 0.77	9 1.39
2 0.802	6 3.326	10 0.493
3 10.53	7 4.67	11 1.59
4 0.502	8 8.216	12 2.47

응용 UP

1 2.58
2 1.585
3 9.99
4 11.435

응용 UP

1 A: 0.7+0.06=0.76
B: 3+0.3+0.04=3.34
→ 3.34−0.76=2.58

2 A: 9+0.1+0.005=9.105
B: 7+0.5+0.02=7.52
→ 9.105−7.52=1.585

3 A: 11+0.5+0.07=11.57
B: 1+0.2+0.38=1.58
→ 11.57−1.58=9.99

4 A: 13+0.4+0.056=13.456
B: 2+0.01+0.011=2.021
→ 13.456−2.021=11.435

DAY 29

75쪽
76쪽

연산 UP

1	4.55	5	5.039	9	1.73
2	2.957	6	9.193	10	0.515
3	2.866	7	1.19	11	0.984
4	6.631	8	1.402	12	2.85

응용 UP

(왼쪽에서부터)

1	1, 8, 5	5	2, 3, 9, 1
2	4, 3, 5, 3	6	7, 9, 6, 7
3	5, 5, 0, 7	7	1, 7, 0, 7
4	3, 6, 1, 5	8	1, 7, 4, 7

응용 UP

1 소수 둘째 자리: $10+3-\square=8 \rightarrow \square=5$
소수 첫째 자리: $10+1-1-2=\square \rightarrow \square=8$
일의 자리: $3-1-1=\square \rightarrow \square=1$

2 소수 셋째 자리: $\square-0=3 \rightarrow \square=3$
소수 둘째 자리: $7-2=\square \rightarrow \square=5$
소수 첫째 자리: $4-\square=1 \rightarrow \square=3$
일의 자리: $\square-2=2 \rightarrow \square=4$

3 소수 셋째 자리: $10+5-8=\square \rightarrow \square=7$
소수 둘째 자리: $10+\square-1-7=2 \rightarrow \square=0$
소수 첫째 자리: $10+1-1-\square=5 \rightarrow \square=5$
일의 자리: $\square-1-2=2 \rightarrow \square=5$

4 소수 셋째 자리: $10+0-\square=5 \rightarrow \square=5$
소수 둘째 자리: $10+\square-1-8=2 \rightarrow \square=1$
소수 첫째 자리: $10+1-1-4=\square \rightarrow \square=6$
일의 자리: $6-1-\square=2 \rightarrow \square=3$

5 소수 셋째 자리: $1-0=\square \rightarrow \square=1$
소수 둘째 자리: $\square-6=3 \rightarrow \square=9$
소수 첫째 자리: $9-\square=6 \rightarrow \square=3$
일의 자리: $2-0=\square \rightarrow \square=2$

6 소수 셋째 자리: $9-\square=2 \rightarrow \square=7$
소수 둘째 자리: $\square-0=6 \rightarrow \square=6$
소수 첫째 자리: $\square-7=2 \rightarrow \square=9$
일의 자리: $8-1=\square \rightarrow \square=7$

7 소수 셋째 자리: $10+0-\square=3 \rightarrow \square=7$
소수 둘째 자리: $9-1-\square=8 \rightarrow \square=0$
일의 자리: $10+1-4=\square \rightarrow \square=7$
십의 자리: $\square-1=0 \rightarrow \square=1$

8 소수 셋째 자리: $10-3=\square \rightarrow \square=7$
소수 둘째 자리: $10-1-\square=5 \rightarrow \square=4$
소수 첫째 자리: $\square-1-5=1 \rightarrow \square=7$
일의 자리: $7-\square=6 \rightarrow \square=1$

DAY 30

77쪽
78쪽

연산 UP

1	12.78	5	2.991	9	4.148
2	8.85	6	8.087	10	4.441
3	2.42	7	3.89	11	2.993
4	0.837	8	9.66	12	2.466

응용 UP

1 68.31 kg
2 한라산, 30.53 m
3 파란색 끈, 0.9 cm

응용 UP

1 승수의 몸무게: $32.59+3.13=35.72$ (kg) $\rightarrow 32.59+35.72=68.31$ (kg)
2 $1947.3-1916.77=30.53$ (m)
3 빨간색 끈의 길이: 0.429 m $=42.9$ cm $\rightarrow 43.8-42.9=0.9$ (cm)

DAY 31

79쪽
80쪽

연산 UP

1 7.85
2 78.54
3 4.84
4 0.352
5 3.614
6 7.056
7 0.45
8 0.691
9 10.821
10 7.918
11 1.615
12 1.693

응용 UP

1
$$\begin{array}{r} 51.04 \\ +\ 3.064 \\ \hline 54.104 \end{array}$$

2
$$\begin{array}{r} 0.735 \\ +\ 11.51 \\ \hline 12.245 \end{array}$$

3
$$\begin{array}{r} 8.73 \\ -\ 4.9 \\ \hline 3.83 \end{array}$$

DAY 32

81쪽
82쪽

연산 UP

1 6.15
2 18.66
3 7.76
4 1.103
5 4.25
6 9.01
7 1.234
8 2.3
9 3.33
10 13.72
11 5.15
12 5.234
13 3.45
14 3.202

응용 UP

1 1.48
2 21.12
3 5.866
4 3.47
5 2.734
6 7.071
7 8.96
8 3.706
9 12.5
10 2.425

응용 UP

1 □=1.77−0.29=1.48
2 □=24.723−3.603=21.12
3 □=11.866−6=5.866
4 □=8.46−4.99=3.47
5 □=5.334−2.6=2.734
6 □=0.255+6.816=7.071
7 □=7.19+1.77=8.96
8 □=3.156+0.55=3.706
9 □=9.5+3=12.5
10 □=1.285+1.14=2.425

DAY 33

83쪽 84쪽

1	(1) 5.973	(2) 1.472	(3) 23.22	(4) 1.27	(5) 3.764	(6) 0.799
2	(1) 3.17	(2) 3.53	(3) 1.226	(4) 0.165	(5) 10.236	(6) 2.908
3	(1) 0.957	(2) 51.04	(3) 17	(4) 2.919	(5) 0.95	(6) 5.105

4 12.237 cm

5 0.185초

6 10.65

7 13.4+11.31=24.71 / 24.71

8 5.06

3 (1) □=4.185−3.228=0.957 (2) □=20.4+30.64=51.04

(3) □=25.37−8.37=17 (4) □=2.552+0.367=2.919

(5) □=3.172−2.222=0.95 (6) □=2.535+2.57=5.105

4 9.73+2.507=12.237 (cm)

5 18.075−17.89=0.185(초)

6 우진이가 설명하는 수: 9.63−2.7=6.93

지수가 설명하는 수: 3+0.5+0.22=3.72

→ 6.93+3.72=10.65

7 합이 가장 큰 덧셈식이 되려면 가장 큰 소수와 두 번째로 큰 소수를 더합니다.

13.4>11.31>6.407>0.901>0.45 → 13.4+11.31=24.71

8 어떤 수를 □라 하면 □+1.77=8.6 → □=8.6−1.77=6.83입니다.

바르게 계산하면 6.83−1.77=5.06입니다.

04 삼각형

DAY 34

89쪽 90쪽

연산 UP

1 8
2 6
3 4
4 5
5 4
6 5
7 7, 7
8 9, 9

응용 UP

1 6, 6
2 6, 6
3 (위에서부터) 5, 7
4 6
5 9
6 4

DAY 35

91쪽 92쪽

연산 UP

1 75
2 45
3 25
4 20
5 60
6 60
7 60, 60
8 60, 60

응용 UP

1 답 이등변삼각형이 아닙니다.
이유 예 삼각형의 세 각의 크기의 합은 180°이므로 나머지 한 각의 크기는 180°−60°−90°=30°입니다. 크기가 같은 두 각이 없으므로 이등변삼각형이 아닙니다.

2 답 이등변삼각형입니다.
이유 예 삼각형의 세 각의 크기의 합은 180°이므로 나머지 한 각의 크기는 180°−30°−120°=30°입니다. 두 각의 크기가 같으므로 이등변삼각형입니다.

3 답 정삼각형이 아닙니다.
이유 예 세 각의 크기가 같지 않으므로 정삼각형이 아닙니다.

4 답 정삼각형입니다.
이유 예

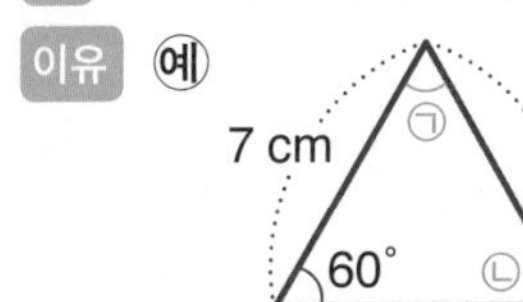

이등변삼각형이므로 ㉡=60°입니다. 삼각형의 세 각의 크기의 합은 180°이므로 ㉠=180°−60°−60°=60°입니다. 세 각의 크기가 같으므로 정삼각형입니다.

DAY 36

93쪽
94쪽

연산 UP

1
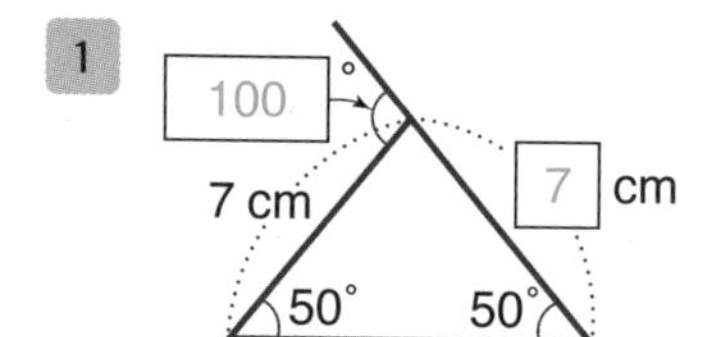

2
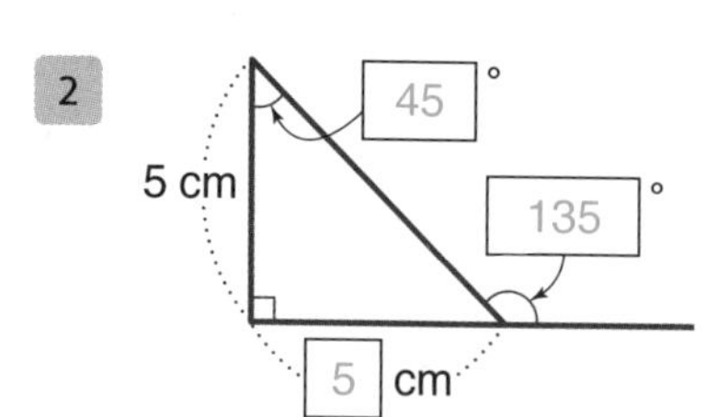

3
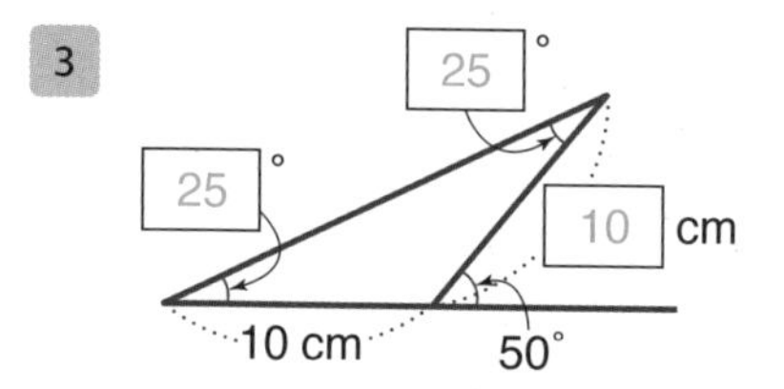

4
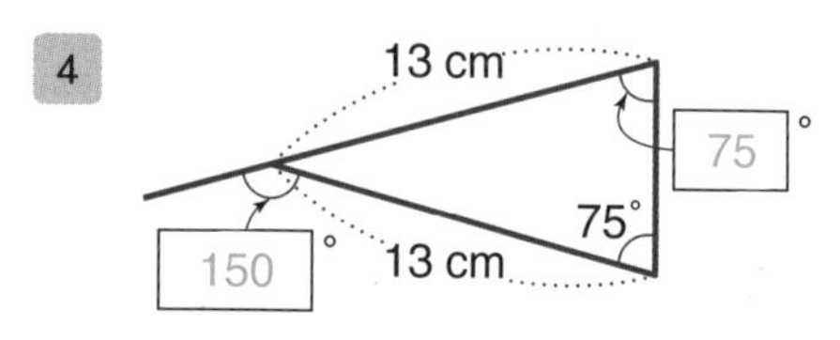

5
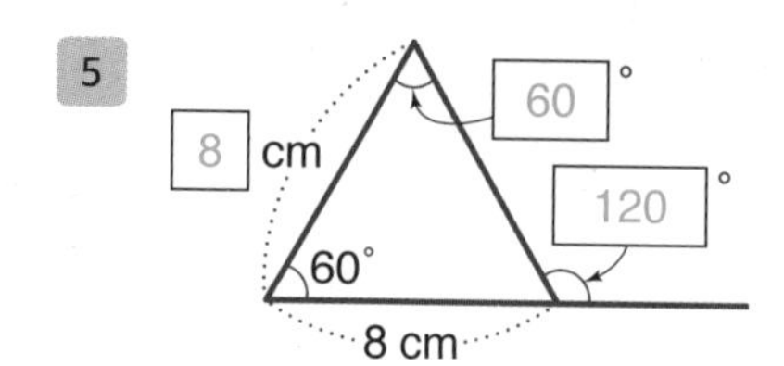

6
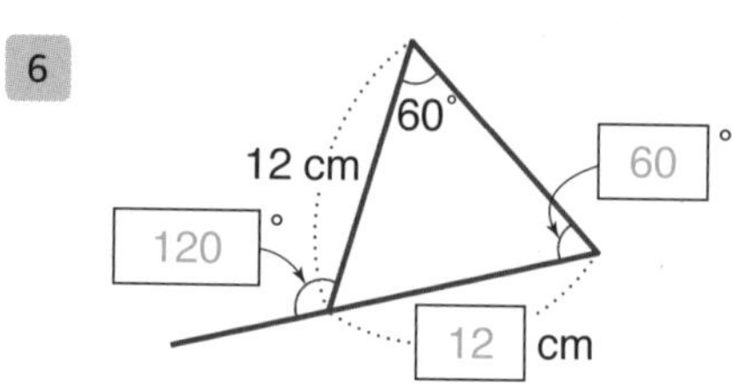

7
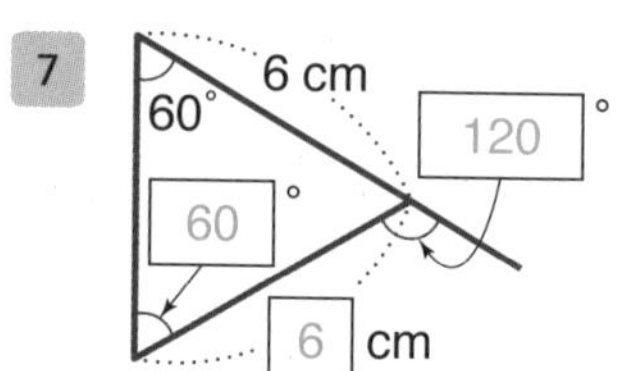

8
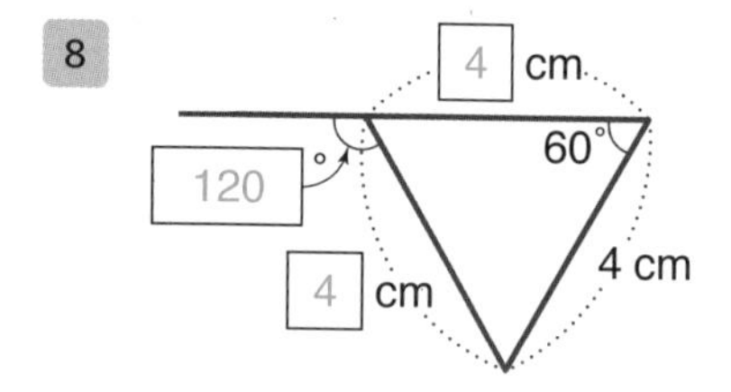

응용 UP

1. 18 cm
2. 22 cm
3. 130°
4. 120°

응용 UP

1 정삼각형은 세 변의 길이가 같으므로 (변 ㄱㄴ)=(변 ㄴㄷ)=(변 ㄱㄷ)=6 cm입니다.
(삼각형의 세 변의 길이의 합)$=6+6+6=18$ (cm)

2 이등변삼각형은 두 변의 길이가 같으므로 (변 ㄱㄴ)=(변 ㄱㄷ)=6 cm입니다.
(삼각형의 세 변의 길이의 합)$=6+10+6=22$ (cm)

3 삼각형의 세 각의 크기의 합은 180°이므로 (각 ㄱㄴㄷ)+(각 ㄱㄷㄴ)$=180°-80°=100°$입니다.
이등변삼각형은 두 각의 크기가 같으므로 (각 ㄱㄴㄷ)=(각 ㄱㄷㄴ)$=100°\div2=50°$입니다.
한 직선이 이루는 각도는 180°이므로 ㉠$=180°-50°=130°$입니다.

4 정삼각형은 세 각의 크기가 모두 같으므로 (각 ㄱㄷㄴ)$=180°\div3=60°$입니다.
한 직선이 이루는 각도는 180°이므로 ㉠$=180°-60°=120°$입니다.

연산 UP

1 예각삼각형
2 직각삼각형
3 둔각삼각형
4 직각삼각형
5 예각삼각형
6 예각삼각형
7 예각삼각형
8 둔각삼각형
9 둔각삼각형
10 둔각삼각형
11 직각삼각형
12 예각삼각형

응용 UP

1 3개
2 4개
3 4개
4 8개

응용 UP

1 예각삼각형: 나, 마, 바 → 3개
직각삼각형: 가, 아 → 2개
둔각삼각형: 다, 라, 사 → 3개

2 예각삼각형: 나, 마, 바, 사 → 4개, 직각삼각형: 가, 자 → 2개, 둔각삼각형: 다, 라, 아 → 3개

3 • 작은 삼각형 1개짜리 :
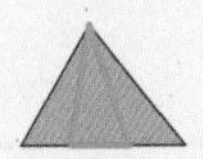

• 작은 삼각형 2개짜리 :
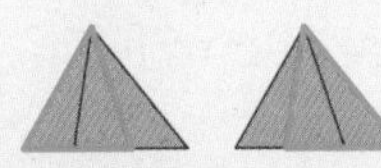

• 작은 삼각형 3개짜리 :

→ $1+2+1=4$ (개)

4 • 작은 삼각형 1개짜리 :
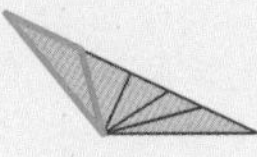
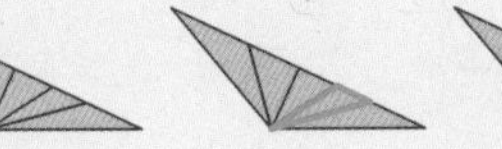

• 작은 삼각형 2개짜리 :
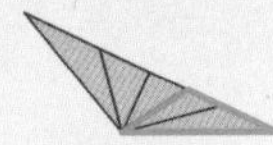

• 작은 삼각형 3개짜리 :

• 작은 삼각형 4개짜리 :
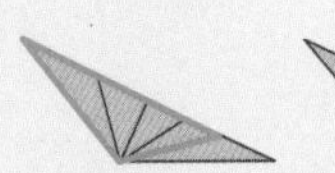

• 작은 삼각형 5개짜리 :
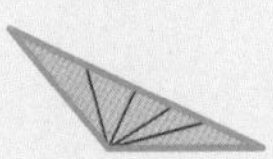

→ $3+1+1+2+1=8$ (개)

DAY 38

97쪽 98쪽

1 (1) 가, 나, 다, 라, 마 (2) 가, 라 (3) 가, 나, 라 (4) 마, 바

2 (1)

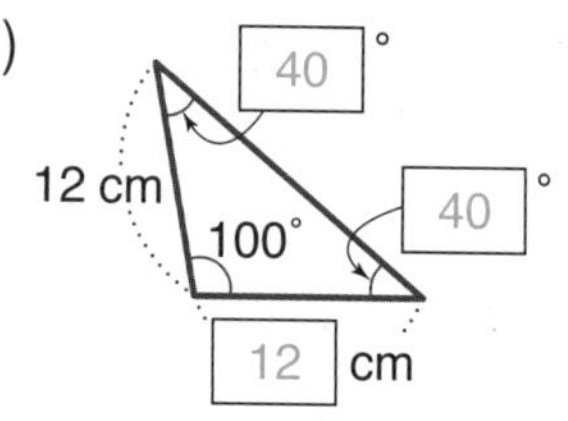

(2)

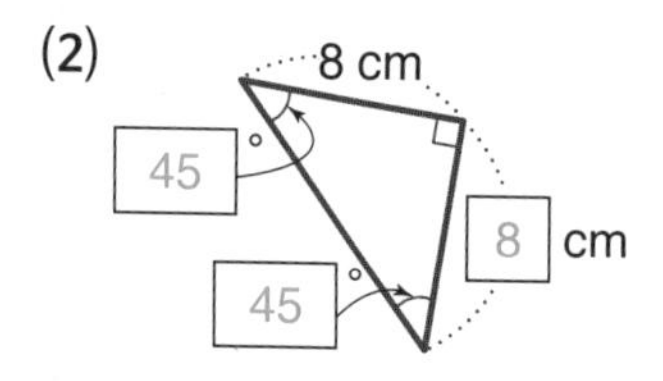

3 (1)

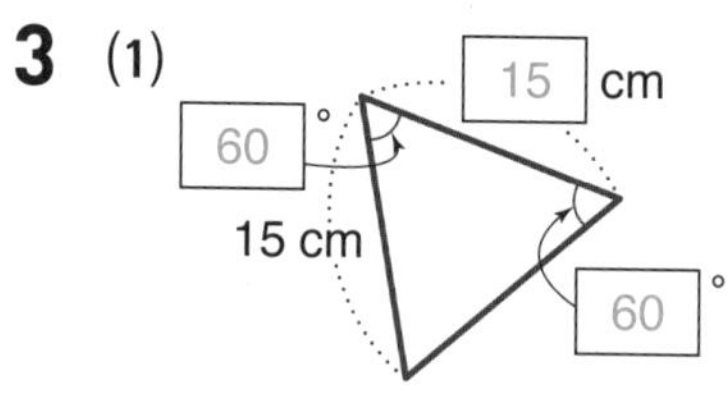

(2)

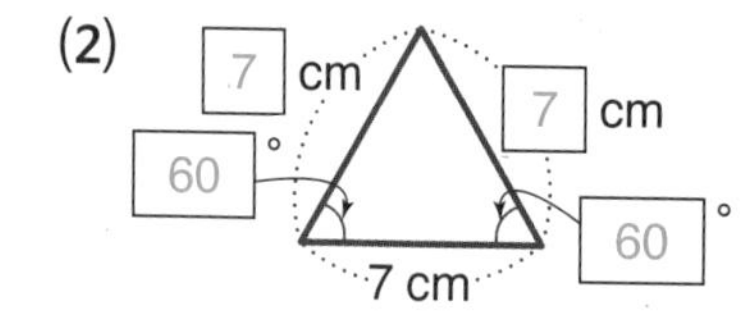

4 38 cm

5 8 cm

6 예각삼각형

7 13개

4 이등변삼각형은 두 변의 길이가 같으므로 (변 ㄴㄷ)=(변 ㄱㄷ)=14 cm입니다.
(삼각형의 세 변의 길이의 합)$=10+14+14=38$ (cm)

5 정삼각형의 세 변의 길이는 모두 같으므로 한 변의 길이는 $24\div3=8$ (cm)입니다.

6 삼각형의 세 각의 크기의 합은 180°이므로 나머지 한 각의 크기는 $180^\circ-70^\circ-30^\circ=80^\circ$입니다.
세 각의 크기가 70°, 30°, 80°로 모두 예각이므로 예각삼각형입니다.

7
- 1개짜리 정삼각형 (▲): 9개
- 4개짜리 정삼각형 (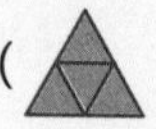): 3개
- 9개짜리 정삼각형 (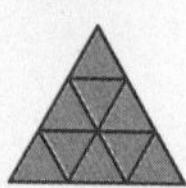): 1개

→ $9+3+1=13$(개)

05 사각형

DAY 39

103쪽 104쪽

연산 UP

1 변 ㄴㄷ
2 변 ㄱㄹ, 변 ㄴㄷ
3 변 ㄱㄹ, 변 ㄴㄷ
4 변 ㄴㄷ
5 변 ㄹㄷ
6 변 ㄹㄷ
7 변 ㄹㄷ
8 변 ㅁㄹ

응용 UP

1 8 cm
2 16 cm
3 14 cm
4 5 cm

응용 UP

1 도형에서 변 ㄱㄹ과 변 ㄴㄷ이 서로 평행합니다.
변 ㄱㄹ과 변 ㄴㄷ 사이의 수선의 길이는 8 cm이므로 평행선 사이의 거리는 8 cm입니다.

2 도형에서 변 ㄱㅁ과 변 ㄴㄷ이 서로 평행합니다.
변 ㄱㅁ과 변 ㄴㄷ 사이의 수선의 길이는 16 cm이므로 평행선 사이의 거리는 16 cm입니다.

3 (변 ㄱㅇ과 변 ㄹㅁ 사이의 거리)=(변 ㄱㄴ)+(변 ㄷㄹ)$=7+7=14$ (cm)

4 (변 ㄱㅂ과 변 ㄹㅁ 사이의 거리)=(변 ㄱㄴ)+(변 ㄷㄹ) → $8=3+$(변 ㄷㄹ), (변 ㄷㄹ)$=5$ cm

DAY 40

105쪽 106쪽

연산 UP

1 4, 360
2 사다리꼴 / 한
3 평행사변형 / 두, 같습니다
4 변, 같습니다
5 직사각형 / 직각
6 변

응용 UP

1 마름모가 아닙니다. /
예 네 변의 길이가 모두 같지 않기 때문에 마름모가 아닙니다.

2 평행사변형입니다. /
예 마주 보는 두 쌍의 변이 서로 평행하므로 평행사변형입니다.

3 직사각형입니다. /
예 네 각이 모두 직각이므로 직사각형입니다.

4 정사각형이 아닙니다. /
예 네 변의 길이가 모두 같지 않고, 네 각의 크기가 모두 같지 않으므로 정사각형이 아닙니다.

DAY 41

107쪽
108쪽

연산 UP

1
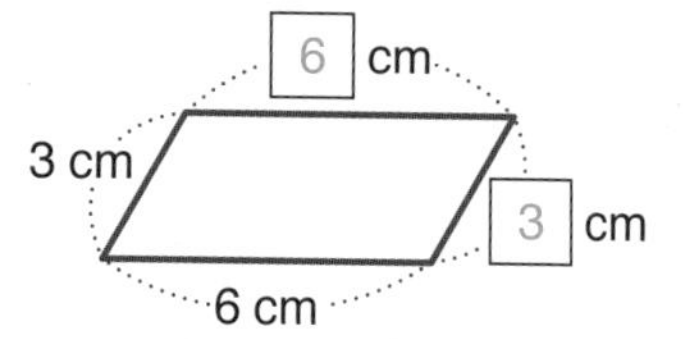

2
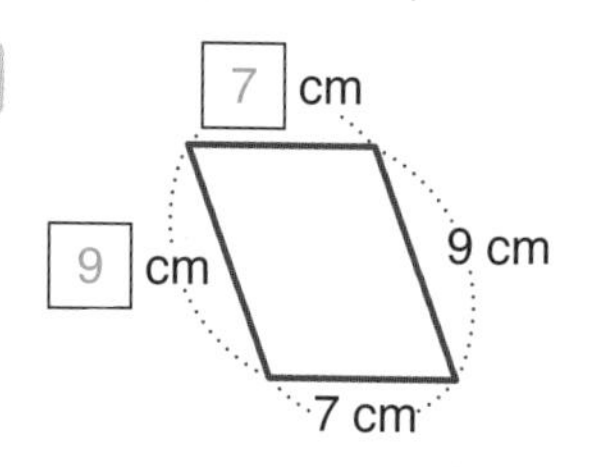

3
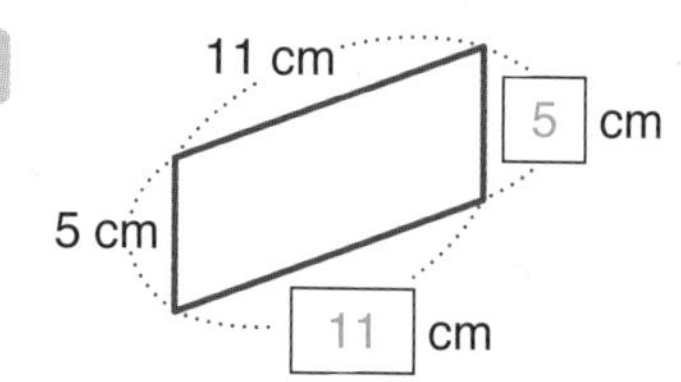

4
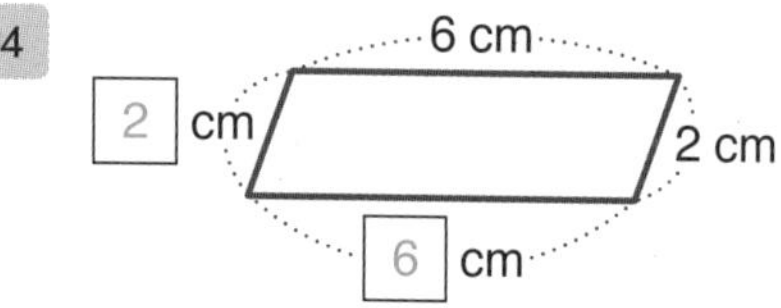

5
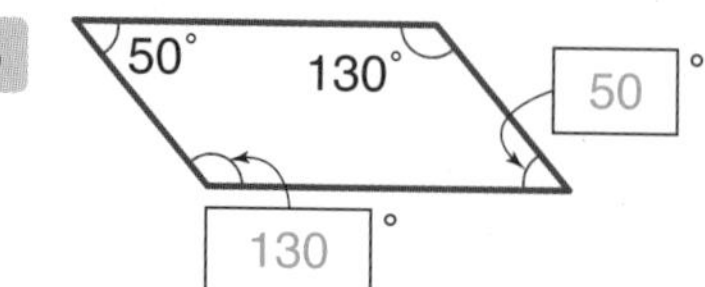

6
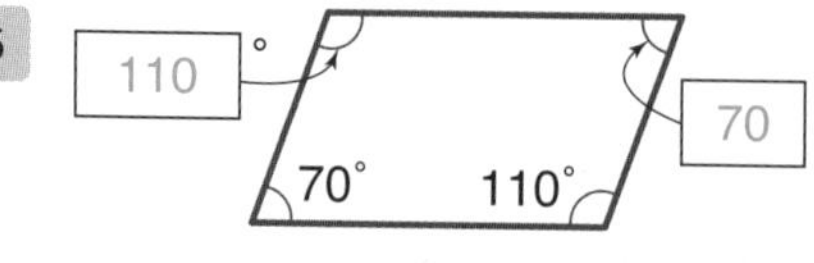

7
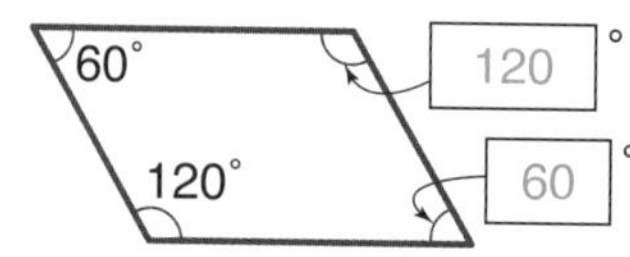

8
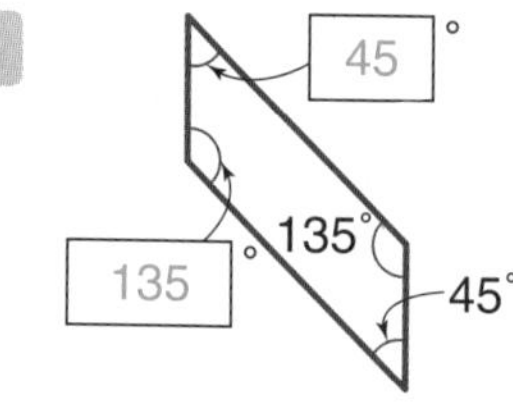

응용 UP

1 46 cm

2 8 cm

3 120°

4 85°

응용 UP

1 평행사변형은 마주 보는 두 변의 길이가 같으므로
(변 ㄱㄴ)=(변 ㄹㄷ), (변 ㄴㄷ)=(변 ㄱㄹ)입니다.
(네 변의 길이의 합)=(변 ㄱㄴ)+(변 ㄴㄷ)+(변 ㄹㄷ)+(변 ㄱㄹ)
$=8+15+8+15=46$ (cm)

2 평행사변형은 마주 보는 두 변의 길이가 같으므로 (변 ㄱㄴ)=(변 ㄹㄷ)=7 cm,
(변 ㄴㄷ)=(변 ㄱㄹ)입니다.
네 변의 길이의 합이 30 cm이므로 7+(변 ㄴㄷ)+7+(변 ㄱㄹ)=30 (cm)
(변 ㄴㄷ)+(변 ㄱㄹ)$=30-14=16$ (cm)
(변 ㄴㄷ)=(변 ㄱㄹ)$=16\div2=8$ (cm)입니다.

3 평행사변형에서 마주 보는 두 각의 크기는 같습니다.
(각 ㄴㄷㄹ)=(각 ㄴㄱㄹ)=120°

4 평행사변형에서 이웃한 두 각의 크기의 합은 180°입니다.
(각 ㄱㄴㄷ)=180°−(각 ㄴㄱㄹ)=180°−95°=85°

연산 UP

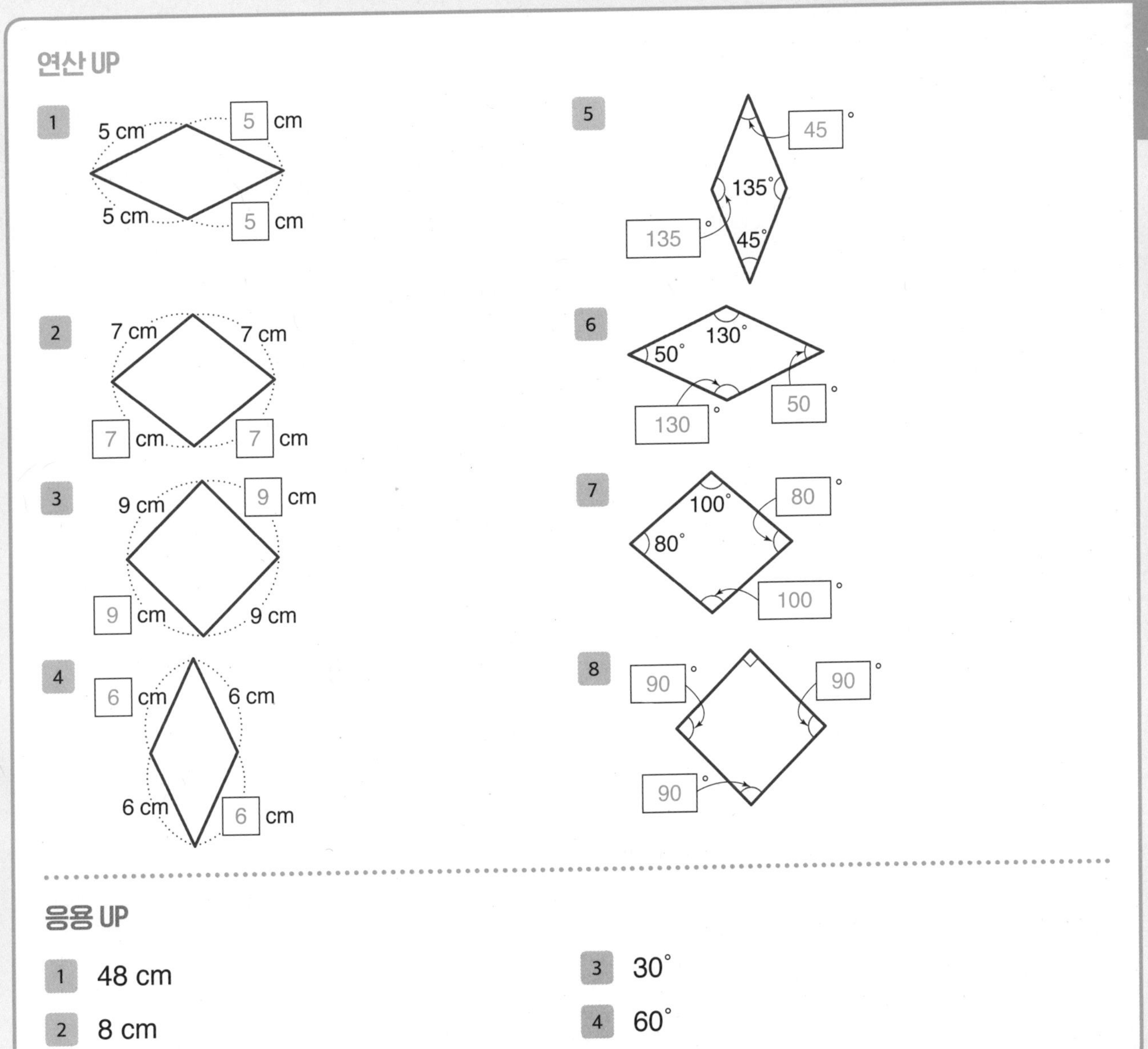

응용 UP

1 48 cm

2 8 cm

3 30°

4 60°

응용 UP

1 마름모는 네 변의 길이가 모두 같으므로 (변 ㄱㄴ)=(변 ㄴㄷ)=(변 ㄷㄹ)=(변 ㄹㄱ)=12 cm입니다.
(네 변의 길이의 합)$=12+12+12+12=48$ (cm)

2 마름모는 네 변의 길이가 모두 같으므로 한 변의 길이는 $32\div4=8$ (cm)입니다.

3 마름모에서 이웃한 두 각의 크기의 합은 180°이므로 (각 ㄱㄴㄷ)+(각 ㄴㄱㄹ)$=180^\circ$입니다.
(각 ㄱㄴㄷ)$=180^\circ-$(각 ㄴㄱㄹ)$=180^\circ-150^\circ=30^\circ$입니다.

4 마름모는 마주 보는 두 각의 크기가 같으므로 (각 ㄱㄴㄷ)=(각 ㄱㄹㄷ)$=120^\circ$입니다.
한 직선이 이루는 각도는 180°이므로 ㉠$=180^\circ-$(각 ㄱㄴㄷ)$=180^\circ-120^\circ=60^\circ$입니다.

DAY 43

111쪽
112쪽

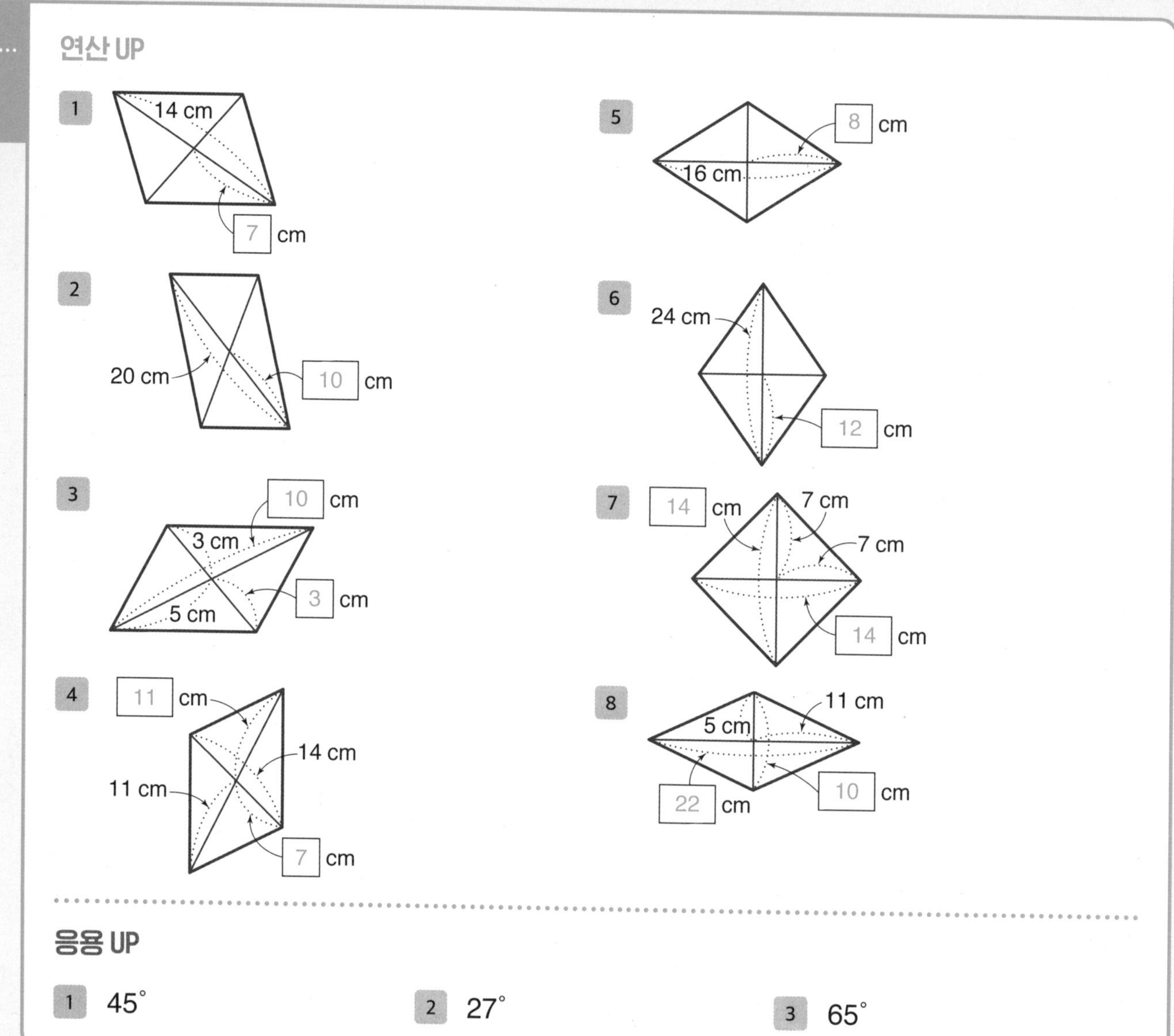

응용 UP 1 평행사변형은 마주 보는 두 각의 크기가 같으므로 (각 ㄴㄷㄹ)=(각 ㄴㄱㄹ)=135°입니다.
한 직선이 이루는 각도는 180°이므로 ㉠=180°−(각 ㄴㄷㄹ)=180°−135°=45°입니다.

2 마름모는 네 변의 길이가 모두 같으므로 삼각형 ㄱㄴㄹ은 이등변삼각형입니다.
(각 ㄱㄴㄹ)+(각 ㄱㄹㄴ)=180°−126°=54°
(각 ㄱㄴㄹ)=(각 ㄱㄹㄴ)이므로 (각 ㄱㄴㄹ)=54°÷2=27°입니다.

3 평행사변형에서 이웃한 두 각의 크기의 합은 180°이므로 (각 ㄱㄹㄷ)+(각 ㄴㄷㄹ)=180°,
(각 ㄴㄷㄹ)=180°−(각 ㄱㄹㄷ)=180°−65°=115°입니다.
한 직선이 이루는 각도는 180°이므로 ㉠=180°−(각 ㄴㄷㄹ)=180°−115°=65°입니다.

DAY 44

113쪽
114쪽

연산 UP

1 ×, ○
2 ×, ○
3 ○, ×
4 ×, ○
5 ×, ○
6 ×, ○
7 ×, ×
8 ×, ○
9 ○, ×

응용 UP

1 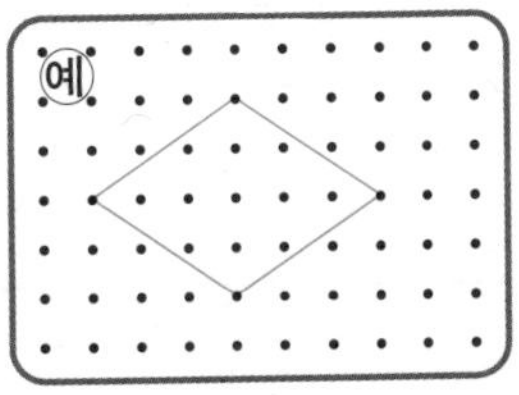 예
2 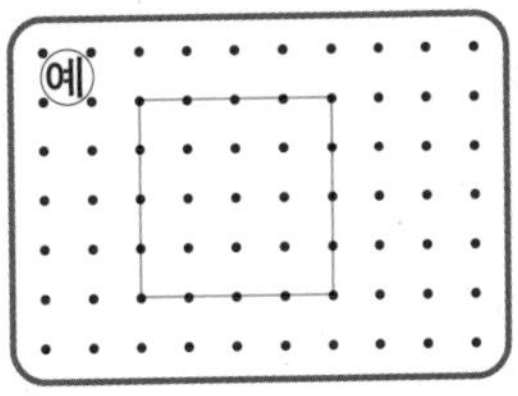 예
3 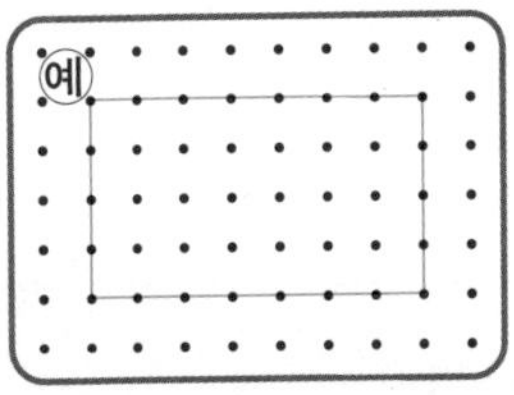 예
4 예

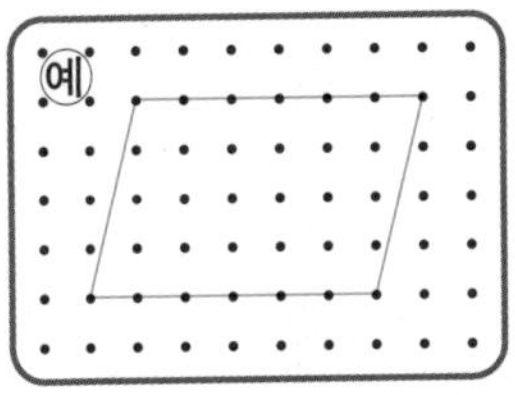

응용 UP 마주 보는 두 쌍의 변이 서로 평행한 사각형: 평행사변형, 마름모, 직사각형, 정사각형
네 변의 길이가 모두 같은 사각형: 마름모, 정사각형
네 각의 크기가 모두 같은 사각형: 직사각형, 정사각형

1 조건을 모두 만족하는 사각형은 마름모 또는 정사각형입니다.
2 조건을 모두 만족하는 사각형은 정사각형입니다.
3 조건을 모두 만족하는 사각형은 직사각형 또는 정사각형입니다.
4 조건을 모두 만족하는 사각형은 평행사변형 또는 마름모 또는 직사각형 또는 정사각형입니다.

DAY 45

115쪽
116쪽

1 (1) 직선 다, 직선 마 (2) 직선 다, 직선 마
2 (1) 가, 나, 마, 바 (2) 마, 바
(3) 마
3 (1) 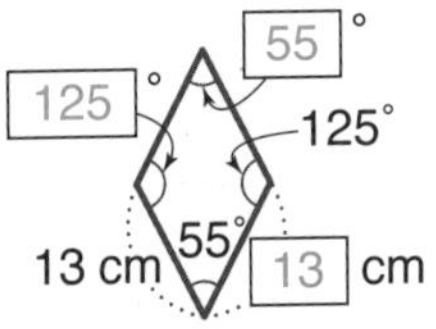 125°, 55°, 125°, 55°, 13 cm, 13 cm (2) 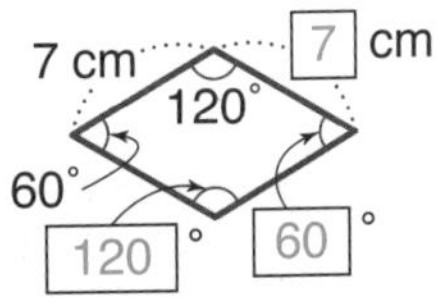 7 cm, 7 cm, 120°, 60°, 120°, 60°
4 12 cm
5 48 cm
6 정사각형이 아닙니다. /
예 네 변의 길이가 모두 같지만 네 각의 크기가 모두 같지 않으므로 정사각형이 아닙니다.
7 정사각형

4 도형에서 변 ㄱㄹ과 변 ㄴㄷ이 서로 평행합니다.
변 ㄱㄹ과 변 ㄴㄷ 사이의 수선의 길이는 12 cm이므로 평행선 사이의 거리는 12 cm입니다.
5 평행사변형은 마주 보는 두 변의 길이가 같으므로
(변 ㄱㄴ)=(변 ㄹㄷ)=10 cm, (변 ㄱㄹ)=(변 ㄴㄷ)=14 cm입니다.
(네 변의 길이의 합)=14+10+14+10=48 (cm)
7 네 각이 모두 직각이고 네 변의 길이가 모두 같은 사각형은 정사각형입니다.

06 다각형

DAY 46

121쪽
122쪽

연산 UP

1. 사각형
2. 삼각형
3. 오각형
4. 오각형
5. 칠각형
6. 정오각형
7. 정십각형
8. 정삼각형
9. 정구각형
10. 정사각형

응용 UP

1. 사각형
2. 십각형
3. 정구각형
4. 정팔각형
5. 정오각형
6. 정육각형

DAY 47

123쪽
124쪽

연산 UP

1. 10
2. 6, 6
3. 8, 8
4. 11, 11
5. 60
6. 120, 120
7. 90
8. 108, 108

응용 UP

1. 72 cm
2. 8 cm
3. 15 cm
4. 9 cm

응용 UP

1 정팔각형은 8개의 변의 길이가 모두 같습니다.
→ $9\times8=72$ (cm)

2 정십각형은 10개의 변의 길이가 모두 같습니다.
→ $80\div10=8$ (cm)

3 정삼각형과 정육각형의 한 변의 길이는 같으므로 만든 도형의 한 변의 길이는 정육각형의 한 변의 길이의 3배입니다.
→ $5\times3=15$ (cm)

4 한 변의 길이가 4 cm인 정구각형의 모든 변의 길이의 합은 $4\times9=36$ (cm)입니다.
정사각형은 4개의 변의 길이가 모두 같으므로 정사각형의 한 변의 길이는 $36\div4=9$ (cm)입니다.

연산 UP

1 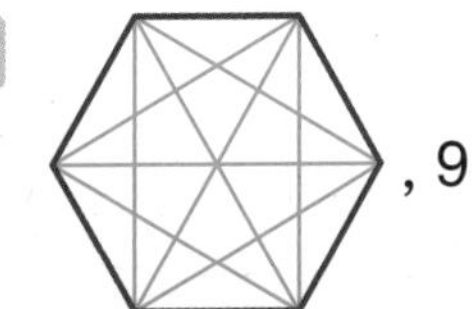 , 9

2 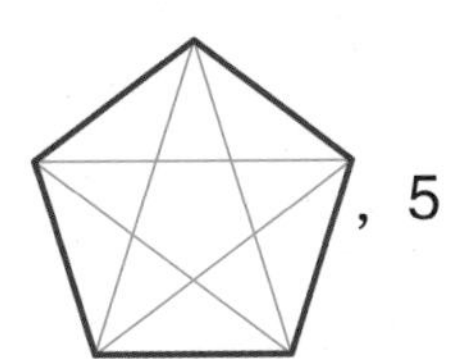 , 5

3 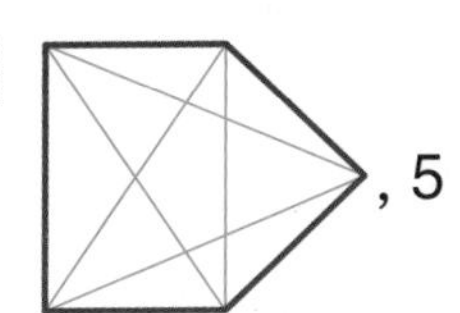 , 5

4 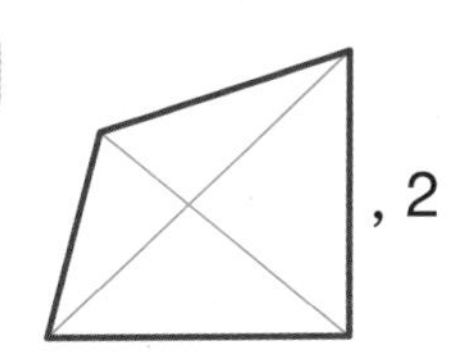 , 2

5 , 0

6 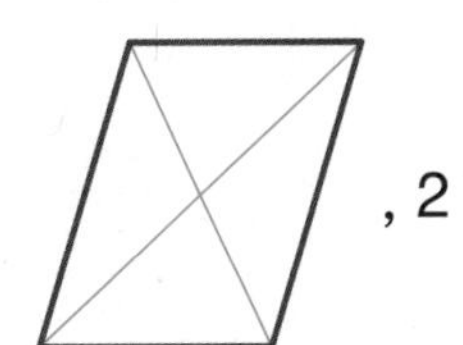 , 2

7 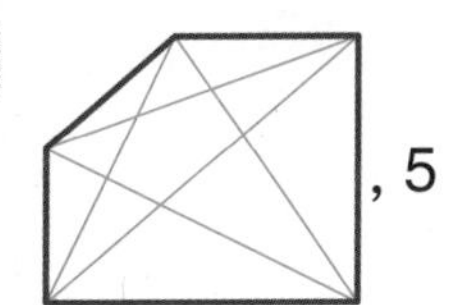 , 5

8 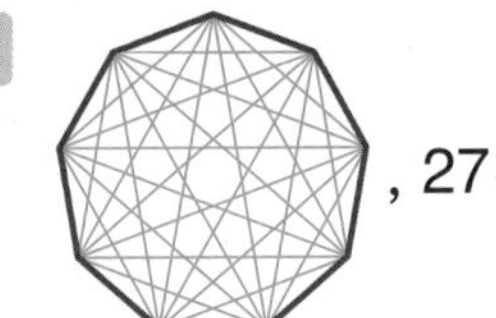 , 27

9 , 2

10 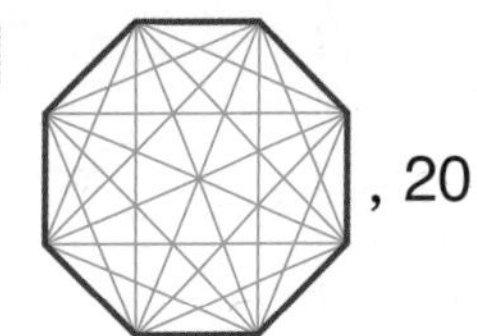 , 20

11 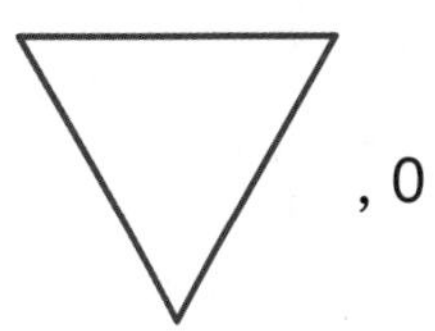 , 0

12 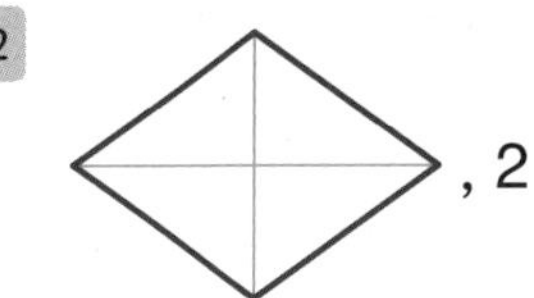 , 2

응용 UP

1 9개

2 20개

3 14개

4 3개

응용 UP

1 6개의 선분으로 둘러싸인 다각형은 육각형입니다.
육각형에 그을 수 있는 대각선은 9개입니다.

2 8개의 선분으로 둘러싸인 다각형은 팔각형입니다.
팔각형에 그을 수 있는 대각선은 20개입니다.

3 칠각형에 그을 수 있는 대각선: 14개, 삼각형에 그을 수 있는 대각선: 0개
→ $14+0=14$ (개)

4 사각형에 그을 수 있는 대각선: 2개, 오각형에 그을 수 있는 대각선: 5개
→ $5-2=3$ (개)

DAY 49

127쪽
128쪽

1
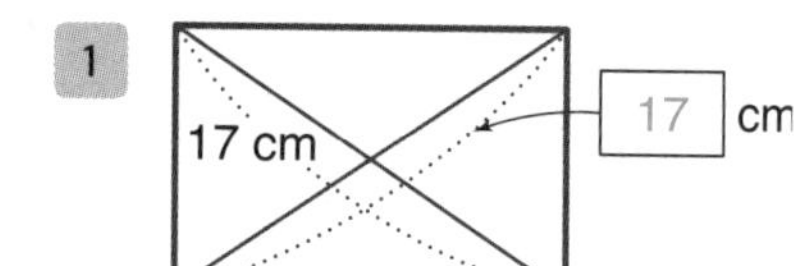

2
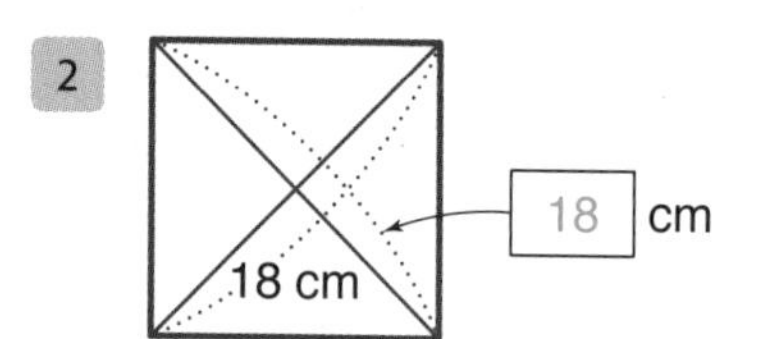

3
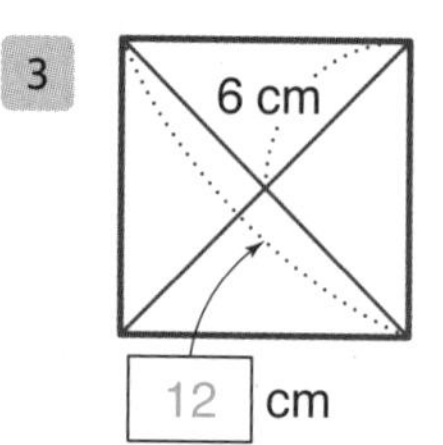

4
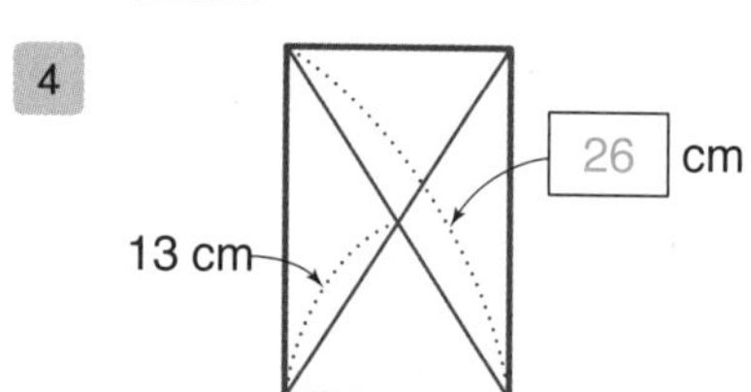

5
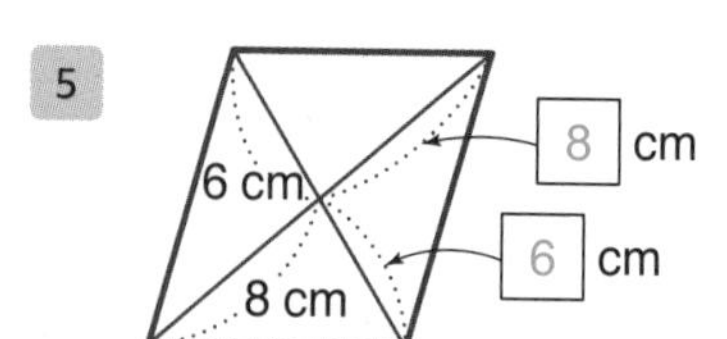

6
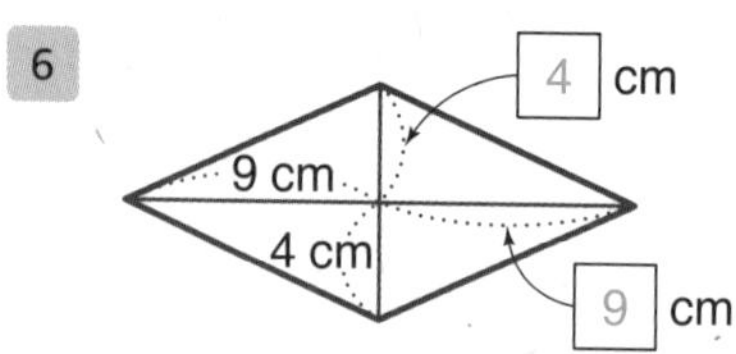

7
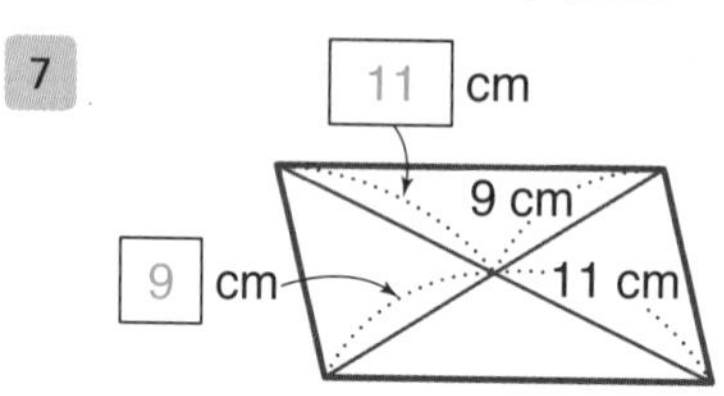

8
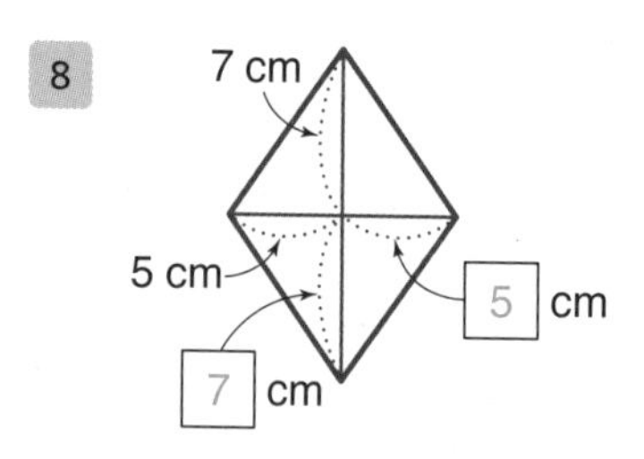

응용 UP

1 7 cm

2 10 cm

3 60 cm

4 36 cm

응용 UP

1 정사각형의 두 대각선의 길이는 같으므로 (선분 ㄱㄷ)=(선분 ㄴㄹ)=14 cm입니다.
정사각형의 한 대각선은 다른 대각선을 똑같이 둘로 나누므로
(선분 ㄴㅁ)$=14\div2=7$ (cm)입니다.

2 직사각형의 두 대각선의 길이는 같으므로 (선분 ㄱㄷ)=(선분 ㄴㄹ)=20 cm입니다.
직사각형의 한 대각선은 다른 대각선을 똑같이 둘로 나누므로
(선분 ㄴㅁ)$=20\div2=10$ (cm)입니다.

3 직사각형의 한 대각선은 다른 대각선을 똑같이 둘로 나누므로
(선분 ㄴㄹ)=(선분 ㄴㅁ)$\times2=15\times2=30$ (cm)입니다.
직사각형의 두 대각선의 길이는 같으므로 두 대각선의 길이의 합은 $30\times2=60$ (cm)입니다.

4 정사각형의 한 대각선은 다른 대각선을 똑같이 둘로 나누므로
(선분 ㄱㄷ)=(선분 ㄷㅁ)$\times2=9\times2=18$ (cm)입니다.
정사각형의 두 대각선의 길이는 같으므로 두 대각선의 길이의 합은 $18+18=36$ (cm)입니다.

DAY 50

129쪽
130쪽

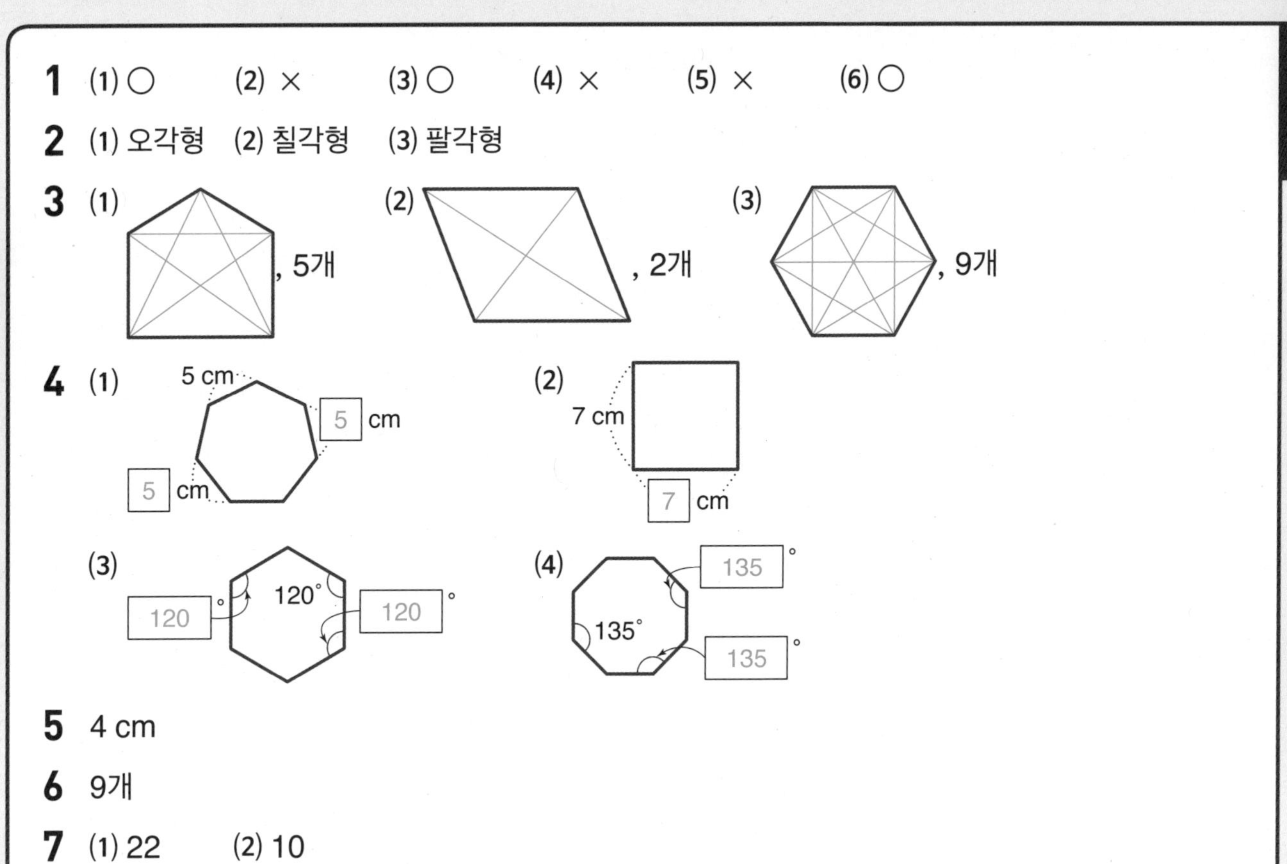

5 정사각형의 두 대각선의 길이는 같으므로 (선분 ㄱㄷ)=(선분 ㄴㄹ)=8 cm입니다.
정사각형의 한 대각선은 다른 대각선을 똑같이 둘로 나누므로 (선분 ㄴㅁ)=8÷2=4 (cm)입니다.

6 오각형에 그을 수 있는 대각선의 수: 5개, 칠각형에 그을 수 있는 대각선의 수: 14개
→ 14−5=9 (개)

• 메모 •

기적의 학습서

"오늘도 한 뼘 자랐습니다."

길벗스쿨